Nachhaltige Stadt- und Verkehrsplanung

Johannes Meyer

Nachhaltige Stadt- und Verkehrsplanung

Grundlagen und Lösungsvorschläge

 Springer Vieweg

Prof. Dr. jur. Johannes Meyer
Wülfrath, Deutschland

ISBN 978-3-8348-2410-3   ISBN 978-3-8348-2411-0 (eBook)
DOI 10.1007/978-3-8348-2411-0

Die Deutsche Nationalbibliothek verzeichnet diese Publikation in der Deutschen Nationalbibliografie; detaillierte bibliografische Daten sind im Internet über http://dnb.d-nb.de abrufbar.

Springer Vieweg
© Vieweg+Teubner Verlag | Springer Fachmedien Wiesbaden 2013

Lektorat: Karina Danulat | Annette Prenzer

Gedruckt auf säurefreiem und chlorfrei gebleichtem Papier

Springer Vieweg ist eine Marke von Springer DE. Springer DE ist Teil der Fachverlagsgruppe Springer Science+Business Media.
www.springer-vieweg.de

Vorwort

Die Bevölkerung in Deutschland wird abnehmen. Zwar wird ihr Rückgang heute noch durch die Zuwanderung mehr als ausgeglichen. Aber aktuelle Prognosen rechnen trotz der Zuwanderung spätestens ab 2015 mit einer insgesamt sinkenden Einwohnerzahl. Hinzu kommt als Folge der gestiegenen Lebenserwartung eine rasch zunehmende Alterung der Bevölkerung. Beides gilt in besonderem Maße für Ostdeutschland, wegen der massenhaften Abwanderung insbesondere der jungen Leute dorthin, wo es noch Arbeit gibt. Manche Stadt in den neuen Bundesländern wird wohl bis zum Jahr 2025 fast die Hälfte ihrer Einwohnerzahl im Jahr 1989 verlieren, viele kleinere Ortschaften könnten ganz aufgegeben werden.

Der demographische Wandel ist nicht nur von großer Bedeutung für die Arbeits- und Sozialpolitik, wo er zu Recht heute im Zentrum der Diskussion steht, sondern auch für die Stadtplanung. In der Kommunalpolitik aber ist diese Erkenntnis bisher weithin noch nicht angekommen. Die meisten Gemeinden orientieren sich nach wie vor am Ziel früherer Zeiten: Wachstum. Auch in den neuen Bundesländern werden selbst dort neue Einfamilienhausgebiete geplant, wo die Bevölkerung stark zurückgeht und in der Stadt bereits massenhaft Altbauwohnungen leer stehen. Oder es werden neue Gewerbegebiete ausgewiesen, obwohl die Industrie am Ort weitgehend zusammengebrochen ist und große Teile der Industrieflächen brach liegen. Schließlich besonders bedenklich: Für den beständig zunehmenden Autoverkehr werden überall neue Straßen gebaut, die aber nur immer noch mehr Verkehr erzeugen.

Die Folge ist, dass immer mehr Wohnungen leer stehen, bisher noch vorwiegend in den neuen Bundesländern, wo der Leerstand nach offiziellen Angaben der Bundesregierung bereits über eine Million Wohneinheiten beträgt. Dieselbe Entwicklung hat aber auch in Westdeutschland schon begonnen, etwa im Ruhrgebiet, und wird in den kommenden Jahren in Ost und West weiter zunehmen. Noch schneller wachsen überall die Industriebrachen. Im Ruhrgebiet beispielsweise lagen bereits Ende des vergangenen Jahrhunderts mehr als 20 % aller Industrieflächen brach, Tendenz ebenfalls stark steigend. Zwar gib es auch weiterhin in Deutschland wachsende Städte. Aber die Mehrzahl wird in den kommenden Jahren abnehmen. Deshalb wird in diesem Buch ein Stadtentwicklungskonzept vorgestellt, das sich vorrangig mit den Fragen schrumpfender Städte beschäftigt.

Zum demographischen Wandel kommt ein zweites, weit größeres Problem: Durch das krebsartige Wachstum aller Städte, durch die Zersiedelung ganzer Landschaften besonders in Westdeutschland wird immer mehr Natur und Landschaft zubetoniert und asphaltiert. Der Rohstoff- und Energieverbrauch für die Herstellung und Beheizung einer ständig zunehmenden Zahl von Gebäuden und für den noch schneller wachsenden motorisierten Verkehr steigt unablässig. Abgase aus Schornsteinen und Auspuffrohren, Lärm und Müll lassen die Umweltqualität in unseren Städten hingegen immer weiter abnehmen. Längst sind Natur und Umwelt den vielfältigen Belastungen nicht mehr gewachsen. Aber bisher konnte der wachsende Rohstoffverbrauch durch die Erschließung neuer Quellen immer noch gedeckt werden, und die vom Menschen verursachten Umweltschäden waren regelmäßig mit technischen Mitteln wie Abgasfilter oder Kläranlagen reparierbar; bis auf eine wesentliche Ausnahme: Kohlendioxid (CO_2), das durch die Verbrennung von Kohle, Erdöl und Erdgas in immer größeren Mengen erzeugt wird, kann durch Rauchgasfilter oder Kfz-Katalysatoren nicht zurückgehalten werden. Die zunehmende Konzentration von CO_2 in der Atmosphäre aber führt zu einer gefährlichen Erwärmung des globalen Klimas.

Auch mehren sich in den letzten Jahren die Anzeichen, dass der Klimawandel sich immer mehr beschleunigt. Dieses Jahr 2010 verspricht, das heißeste seit Beginn der Temperaturaufzeichnungen vor 130 Jahren zu werden. In Russland brennen riesige Waldgebiete, in Pakistan steht eine Fläche von der halben Größe Deutschlands unter Wasser, und insgesamt haben Naturkatastrophen wie Wirbelstürme, Dürren, Überschwemmungen oder Erdrutsche bereits deutlich zugenommen. Ein Anstieg der Meeresspiegel um 7 Meter, nach anderen Szenarien sogar bis zu 50 Meter erscheint inzwischen möglich. Hamburg, Bremen und große Teile der norddeutschen Tiefebene würden im Meer versinken. Ist das Schwarzmalerei? Zumindest ist es realistischer als die Vorstellung der allermeisten in der Kommunalpolitik Verantwortlichen, unsere Städte und der motorisierte Verkehr könnten wie bisher immer weiter wachsen. Und selbst wenn sie die Unwahrscheinlichkeit dieser Annahme begreifen, finden sie doch im verzweifelten Bemühen, in ihren schrumpfenden Städten möglichst viele Arbeitsplätze und Einwohner zu erhalten, dass sie auf Natur und Umwelt nun keine Rücksicht mehr nehmen können.

Dabei sind Bauwesen und Verkehr in Deutschland für rund 70 % aller CO_2-Emissionen verantwortlich. Hier muss nun differenziert werden: Im Bauwesen gibt es eine umfangreiche Diskussion zum Thema Energieeinsparung und Nutzung erneuerbarer Energien. Aber sie bezieht sich so gut wie ausschließlich auf Maßnahmen im Hochbau wie bessere Wärmedämmung der Gebäude, Heizungen mit höherem Wirkungsgrad oder Solaranlagen. Auch die Gesetze, etwa die Energieeinsparverordnung, betreffen ausschließlich den Hochbau. Doch obwohl inzwischen jährlich viele Milliarden für diese Maßnahmen aufgewendet werden, ist der Energieverbrauch für Hausheizungen und Warmwassererzeugungen bis 2008 gar nicht und seither nur wenig gesunken, weil die Energiesparmaßnahmen überwiegend kompensiert werden durch das Wachstum der Städte, die beständig zunehmende Zahl der zu heizenden Gebäude und die Auflockerung der Bebauung. Für die Stadtplanung aber gibt es kein Energieeinspargesetz, auch kaum Literatur zu der Frage: Durch welche städtebaulichen Maßnahmen lässt sich eigentlich Energie einsparen, und wie viel? Davon handelt das vorliegende Buch.

Ebenso werden im Verkehr große Anstrengungen unternommen, Energie einzusparen und andere Energieträger als Erdöl zu finden. Aber sie beziehen sich fast ausschließlich auf Maßnahmen im Fahrzeugbau, wie sparsamere Antriebe oder Elektromotoren. Und es ist wie im Hochbau: Obwohl der Kraftstoffverbrauch der einzelnen Fahrzeuge inzwischen deutlich gesenkt werden konnte, stieg doch der Verbrauch im Autoverkehr insgesamt bis 2002 beständig an, weil die Treibstoffersparnis deutlich überkompensiert wurde durch das Wachstum des Verkehrs, die Zunahme der Fahrzeuge und der gefahrenen Strecken. Das gilt noch mehr für den Flugverkehr. Seit 2003 ist der Energieverbrauch im Verkehr zunächst wegen der starken Benzinpreiserhöhung und später infolge der Wirtschaftskrise zwar vorübergehend gesunken, aber schon für dieses Jahr 2010 lässt die starke Belebung des Neuwagengeschäfts wieder eine deutliche Zunahme des Kraftstoffverbrauchs erwarten. Auch in den meisten Städten werden die Energieeinsparungen durch den Fahrzeugbau überkompensiert durch eine Verkehrsplanung, die den Autoverkehr zu Lasten der anderen Verkehrsmittel begünstigt. Daher ist hier zu fragen: Durch welche Verkehrslenkungsmaßnahmen lässt sich der Anteil des Individualverkehrs am Gesamtverkehr senken, und um wieviel? Auch davon handelt dieses Buch. Es soll zeigen, dass für eine aus Gründen des Klimaschutzes gebotene schnelle und wirksame Reduzierung der CO_2-Emissionen nur Maßnahmen im Hochbau und Fahrzeugbau heute nicht mehr ausreichen, sondern dass diese durch Maßnahmen in der Stadt- und Verkehrsplanung ergänzt werden müssen.

Deshalb bildet neben dem demographischen Wandel der Natur- und Umweltschutz, vor allem der Klimaschutz, den zweiten Schwerpunkt der vorliegenden Arbeit. Zwischen beiden Themen besteht ein Zusammenhang: Die abnehmende Bevölkerung in vielen Städten könnte zu weniger Natur- und Rohstoffverbrauch und zu abnehmenden Umweltbelastungen, insbesondere zu weniger CO_2-Emissionen führen. Auch lässt sich durch eine ökologische Ausrichtung der Stadt- und Verkehrsplanung die Lebensqualität in einer Stadt deutlich verbessern, was einer Abwanderung von Einwohnern und Arbeitsplätzen entgegenwirken kann.

Dieses Buch stellt die Neufassung einer früheren Arbeit des Verfassers zu demselben Thema dar, des Lehrbuchs „Städtebau – ein Grundkurs", erschienen 2003 im Kohlhammer-Verlag, Stuttgart. Es führt die Kernaussage beider Arbeiten weiter aus, dass es im Städtebau des 21. Jahrhunderts vor allem um Fragen des Natur- und Umweltschutzes, insbesondere des Klimaschutzes gehen wird. Für eine vertiefte Beschäftigung mit Detailfragen, auf die hier nicht näher eingegangen wird, sei auf das Lehrbuch verwiesen sowie auf die darin gegebenen Literaturhinweise, weshalb in dieser Arbeit auf ein eigenes Literaturverzeichnis verzichtet wird.

Schließlich bedanke ich mich besonders bei Herrn Dipl.Ing. Jens Emig, der mich zu Fragen der Verkehrsplanung beraten und ganz wesentlich zur vorliegenden Fassung des Kapitels 5 beigetragen hat.

Wülfrath, Oktober 2010

Inhaltsverzeichnis

Die Auflösung der Städte

1

1.1 Der Verlust der Urbanität

1.1.1 Die Ausdehnung der Bebauung

Wo die Wälder noch rauschen, wo die Nachtigall singt, da ist meine Heimat… So beginnt das Heimatlied des Bergischen Landes. Aber in der Bergischen Gemeinde, wo ich lebe, wurde schon vor Jahren das letzte größere Waldstück für eine weitere Autobahn geopfert. Riesige, bis zu 200 m tiefe Kalksteinbrüche und entsprechend große Abraumhalden beherrschen die Landschaft. Auch das ganze Bergische Land ist heute ein weitgehend zersiedelter Raum. Und eine Nachtigall habe ich zuletzt in meiner Jugend, vor über 50 Jahren, hier gehört.

Wie im Bergischen Land, so sieht es mehr oder weniger überall in Deutschland aus, in den alten Bundesländern eher mehr, in den neuen Ländern bisher noch weniger. Alle Städte und Dörfer dehnen sich immer weiter aus. Dabei hat der Naturflächenverbrauch in den letzten 50 Jahren beständig zugenommen. In den 1950er Jahren betrug er allein in Westdeutschland noch 66 ha/Tag im Mittel, in den 1970er und 1980er Jahren bereits über 100 ha/Tag und heute, allerdings in West- und Ostdeutschland zusammen, rund 130 ha/Tag. Inzwischen bedecken die Siedlungs- und Verkehrsflächen 12,3 % des ganzen Landes. Diese Flächen sind zwar nicht vollständig versiegelt. Dazu gehören auch Hausgärten oder öffentliche Grünanlagen. Aber der Grad der Versiegelung nimmt ebenfalls beständig zu, weil auch innerhalb der vorhandenen Siedlungsgebiete laufend Freiflächen für Neubauten oder weitere Verkehrsanlagen verloren gehen. Insgesamt sind heute fast 6 % der Gesamtfläche Deutschlands zubetoniert oder asphaltiert.

Dabei wächst die Bevölkerung in Deutschland insgesamt kaum noch. In vielen Städten, vor allem in Ostdeutschland, ist sie im Gegenteil bereits stark zurückgegangen. Deshalb nimmt die Dichte der Wohnbevölkerung und der Arbeitsplätze in allen Gemeinden beständig ab. Die Städte zerfließen und verlieren dabei immer mehr an Urbanität. Das wird besonders deutlich bei dem Vergleich mit einer mittelalterlichen Stadt. Um ihre Bewohner schützen zu können, war die Stadt damals von Mauern umgeben. Durch Befestigungs-

J. Meyer, *Nachhaltige Stadt- und Verkehrsplanung,* DOI 10.1007/978-3-8348-2411-0_1,
© Vieweg+Teubner Verlag | Springer Fachmedien Wiesbaden 2013

anlagen klar begrenzt, innen dicht bebaut, außen unverbaute Landschaft – so bot sie ein Bild von großer Einheitlichkeit, wie ein einziges Bauwerk. Damals fühlten die Bewohner sich im Schutz der Stadtmauern sicher und geborgen, wie ein „Bürger", das bedeutet: Burgbewohner. Die Stadtbürger bildeten eine Gemeinschaft. Man kannte sich durch Familie, Nachbarschaft oder Zunft gut. Man fühlte sich zur Bürgerschaft zugehörig, in der Stadt zu Hause. Die Stadt war die Heimat. Das alles ist mit dem Begriff Urbanität gemeint.

Heute dagegen, wo Kriege weitgehend aus der Luft und mit Waffen geführt werden, die nicht nur einzelne Städte, sondern die ganze Menschheit auslöschen können, vermitteln Städte und Mauern nicht mehr das Gefühl von Sicherheit und Geborgenheit. Auch schwindet das Gemeinschaftsgefühl, das früher von jeder Stadt ausging. Für viele moderne Menschen ist die Stadt, in der sie leben, nur persönliche Existenzvoraussetzung durch banale technische Versorgung wie Bau und Unterhaltung des Verkehrsnetzes, Versorgung mit Energie und Wasser oder die Beseitigung von Abwasser und Müll. Das spiegelt sich in der Auflösung unserer Städte wieder. Wie der Individualismus unserer Zeit, dessen Freiheitsbegriff keine Bindung, keine Verantwortung mehr zu kennen scheint, wie der Egoismus der Einzelnen und der Gruppen heute zunehmend jede Gemeinschaft zerstört, so erscheint auch die Einheit der Stadt durch zentrifugale Kräfte aufgesprengt. Ihre Häuser und Straßen liegen wie die Trümmer einer Explosion weit über die Landschaft zerstreut. Das zeigt ferner nicht nur die Auflösung des ganzen Stadtgefüges, sondern jedes einzelne Gebäude, das wie ein Solitär in freier Landschaft entworfen keinen Bezug zur umgebenden Bebauung mehr nimmt.

1.1.2   Die Entmischung der Nutzungen

Weiter dehnen sich alle Städte nicht nur beständig aus, sie entmischen sich auch zunehmend. Während früher in den Städten Wohnungen, Arbeitsstätten, Schulen usw. stets intensiv gemischt waren, werden heute fast nur noch reine Wohngebiete geplant, in denen keine Industrie- und Handwerksbetriebe zulässig sind, oder Gewerbe- und Industriegebiete, die keine Wohngebäude enthalten dürfen. Der Grundsatz, dass Städte in Bereiche für jeweils nur eine Nutzung gegliedert werden sollen, zuerst von Le Corbusier in der „Charta von Athen" gefordert, bedeutet ferner, dass ihre einzelnen Elemente, etwa Wohngebäude oder Läden, die früher bei größeren Orten über alle Stadtteile gleichmäßig verteilt waren, sich nun an wenigen Stellen konzentrieren. So werden die Nahversorgungsläden in den Wohngebieten zunehmend durch große Verbrauchermärkte am Stadtrand in verkehrsgünstiger Lage ersetzt. Oder mehrere kleine Schulen in selbständigen Dörfern werden wegen angeblicher pädagogischer Vorteile zu größeren Mittelpunktsschulen zusammengefasst.

Die Folge der Entmischung ist ein weiterer Verlust an Urbanität, wie wieder durch den Vergleich mit einer mittelalterlichen Stadt verdeutlicht werden soll. Damals bestand jede Stadt aus drei Elementen: Kirchen, Bauten der Bürgerschaft wie Befestigungsanlagen oder Rathaus sowie den Häusern der Bürger, ihren Wohnungen, Läden und Handwerksbetrieben. Dabei waren die Gebäude deutlich hierarchisch gegliedert: erstens die zumeist einfachen Häuser der Bürger, darüber die Bauten der Bürgerschaft, z. B. die Rathäuser, die zwar oft aus wertvollem Baumaterial und reich geschmückt waren, aber im Maßstab der Bürgerhäuser blieben, und schließlich die im Vergleich zu den anderen Gebäuden riesigen und kostbaren Kirchen, deren Türme wie Finger in den Himmel wiesen, wo nach damaliger Überzeugung Gott war.

Dieselbe Hierarchie kam in der räumlichen Anordnung der so unterschiedlichen Elemente zum Ausdruck. Ein Marktplatz mit den Bauten der Bürgerschaft sowie eine Kirche bildeten stets das Zentrum, die Mitte und den Höhepunkt der Stadt. In größeren Städten besaß jeder Stadtteil seinen eigenen Mittelpunkt. Stadterweiterungen beispielsweise erfolgten regelmäßig durch die Angliederung selbständiger Neustädte mit eigener Pfarrkirche, eigenem Markt und eigener Stadtmauer, so wie in der Natur ein Organismus wächst, indem er neue Zellen bildet. Die hierarchische Gliederung der Gebäude und ihre Anordnung um eine Mitte entsprachen der Auffassung jener Zeit, dass die Belange des Gemeinwesens, etwa die Verteidigung der Stadt gegen Feinde, Vorrang vor Einzelinteressen haben müssen, und dass alle Menschen gegenüber Gott klein und vergänglich sind. Auch die Gesellschaft war dementsprechend in drei Klassen eingeteilt: in Bürger, den Adel und den Klerus als Stellvertreter Gottes auf Erden. Die Ordnung der Stadt spiegelte damit den Aufbau und die Wertvorstellungen der Gesellschaft wider.

Heute dagegen sind die neuen Wohnsiedlungen und Vororte tagsüber weitgehend entvölkert, weil die Berufstätigen und Heranwachsenden zu Arbeit und Ausbildung in andere Teile der Stadt fahren müssen. Lediglich jüngere Kinder, nicht berufstätige Mütter sowie ältere Menschen bleiben zurück. Und abends setzt man sich vor den Fernseher oder geht früh schlafen (daher „Schlafstädte"), weil im Wohngebiet nichts mehr los ist. Es fehlt an Begegnungsmöglichkeiten. Der Einzelne fühlt sich einsam und isoliert. Dasselbe gilt für die reinen Einkaufszentren, die Verbrauchermärkte an der Schnellstraße ebenso wie für die weitgehend entvölkerten Innenstädte: Tagsüber herrscht zwar großer Betrieb. Aber der Einzelne ist Kunde, der sich in Läden und Schnellrestaurants zumeist selbst bedienen muss. Zum Gespräch, zum Kennen lernen ist keine Zeit mehr, und kurz nach Geschäftsschluss ist das Zentrum wie ausgestorben.

Ebenso die Mittelpunktsschulen, die in vielen Bundesländern kleinere Schulen in den Wohngebieten abgelöst haben: In den vergrößerten Schulen mit oft weit über 1.000 Kindern ist der persönliche Kontakt zwischen Lehrern und Schülern wesentlich geringer als bei überschaubarerer Schulgröße. Auch wird einer Siedlung oder einem Dorf, das die eigene Schule verliert, eine wichtige, oft die einzige Möglichkeit zur Gemeinschaftsbildung genommen. Oder wenn mehrere Ortskrankenhäuser zu einem Großklinikum zusammengelegt werden, angeblich zur Verbesserung der medizinischen Versorgung: Viele Kranke leiden unter der Anonymität der vergrößerten Kliniken. Freunde und Verwandte können sie wegen der weiten Anreise seltener besuchen. Oft ist jedoch ein Besuch oder ein freundliches Gespräch mit dem Pflegepersonal für die Genesung wichtiger als die Ausstattung des Krankenhauses mit teuren Großgeräten.

Aber nicht nur die Möglichkeiten zu Kommunikation und Gemeinschaftsbildung werden überall abgebaut, auch die Hierarchie in der Bebauung früherer Städte wurde weitgehend eingeebnet. Alte Kirchen beispielsweise sind für die meisten heute nur noch bauliche Denkmäler und kein Ausdruck der Religiosität unserer Gesellschaft. Ihre Größe übertrifft nicht mehr wie im Mittelalter die übrige Bebauung. Heute können Gebäude für jeden banalen Zweck größer und höher sein: Wohnhochhäuser, Bürotürme oder Fabrikanlagen. Und selbst wenn, wie in Köln, Hochhäuser den Dom nicht überragen dürfen, dient das Verbot lediglich der Erhaltung des historischen Stadtbildes. Dasselbe gilt ganz allgemein für alte Stadtkerne. Ihre Erhaltung ist nur noch eine Angelegenheit des Denkmalschutzes. Aber ihre Gebäude dienen nicht mehr irgendwelchen Belangen der Allgemeinheit, die den Interessen des Einzelnen übergeordnet sind. Historische Altstädte enthalten heute Einkaufszentren, Einrichtungen für Touristen, Gastronomie- und Rotlichtbezirke.

Am Ende der Entwicklung steht die vollkommen entmischte und nivellierte Stadt, ohne klaren Rand zur unbebauten Umgebung, ohne Mittelpunkt und bei größeren Städten ohne Gliederung, weder wie im Mittelalter in Kirchspiele, noch in Nachbarschaften oder Schulbezirke mit jeweils eigenem Zentrum, ein endloser, spannungsloser Siedlungsbrei, der sich über die Landschaft ergießt. Diese Ordnung der Stadt entspricht damit genau der pluralistischen Gesellschaft unserer Zeit, in der die Wertvorstellungen der Vergangenheit sich zunehmend auflösen. Jede Gemeinschaft verliert heute an Bedeutung, in Ehe und Partnerschaft, zwischen Eltern und Kindern, in der Nachbarschaft und natürlich auch in der Stadt.

1.1.3   Die Zunahme des Individualverkehrs

Schließlich nimmt durch das beständige Wachstum aller Städte und die Entmischung der Nutzungen der Verkehr immer mehr zu; aus mehreren Gründen: Einmal wächst die mittlere Wegelänge des innerörtlichen Verkehrs ohne den Durchgangsverkehr mit zunehmender Ausdehnung des Stadtgebiets und – mehr noch – mit fortschreitender Entmischung der Nutzungen. Wird beispielsweise ein Verbrauchermarkt am Stadtrand errichtet, wodurch in der Regel Nahversorgungsläden in demselben Umfang schließen müssen, so vervielfacht sich die mittlere Wegelänge der Kunden. Das Gesamtverkehrsaufkommen einer Stadt, die Summe aller zu Fuß, mit dem Rad, dem Auto und öffentlichen Verkehrsmitteln zurückgelegten Wege, aber steigt proportional zur mittleren Wegelänge.

Zugleich nimmt der Anteil des Individualverkehrs am Gesamtverkehr dabei zu, weil die Fahrtziele wegen der wachsenden Wegelänge immer häufiger nicht mehr zu Fuß erreichbar sind. Die öffentlichen Verkehrsmittel andererseits lassen sich bei abnehmender Siedlungsdichte immer weniger wirtschaftlich betreiben. Wenn zum Beispiel ein Bus ständig fast leer durch extensiv besiedelte Außenbezirke fährt, wird wahrscheinlich der Fahrplan irgendwann so ausgedünnt, dass die Bevölkerung im Einzugsgebiet am Ende für fast jede Besorgung auf ihr Auto angewiesen ist. Insgesamt haben das Wachstum der Städte und die Entmischung der Nutzungen maßgeblich dazu beigetragen, dass seit über 50 Jahren in allen Gemeinden in Deutschland der Individualverkehr beständig mehr oder weniger stark zugenommen hat.

Die Folge ist eine weitere Beeinträchtigung der Urbanität, wie wieder durch den Vergleich mit einer Straße in einer mittelalterlichen Stadt verdeutlicht werden soll: Viele Gebäude enthielten damals im Erdgeschoss Läden oder Handwerksbetriebe. Darüber wohnten die Betriebsinhaber mit ihren Familien. Weil Glas sehr kostbar war, wurden Fenster und Türen durch Holzläden gegen Kälte, Regen und Einbruch geschlossen, die werktags heruntergeklappt wurden. Darauf konnte man Waren zum Verkauf anbieten – daher die Bezeichnung Laden = Einzelhandelsgeschäft bis heute. So war die Straße optisch um die Erdgeschosse vieler angrenzender Häuser erweitert. Es wurde auf und neben der Straße gehandelt und gearbeitet. Sie war Verkehrsfläche, Kinderspielplatz, Wohnzimmer, kurz: ein zentraler Ort der Begegnung und der Gemeinschaft.

Heute dagegen herrscht zwar auf den Hauptverkehrsstraßen wenige Stunden am Tag viel Betrieb. Jedoch der einzelne Autofahrer sitzt isoliert in seiner Blechkabine und verständigt sich mit den anderen Verkehrsteilnehmern durch Blinkzeichen und Hupen. Er hat keine Möglichkeit, stehen zu bleiben und einen Bekannten zu begrüßen. Und wenige Stunden nach der Verkehrsspitze liegen die weiten Verkehrsflächen leer und tot da. Aber nicht nur auf der Fahrbahn ist Kommunikation unmöglich geworden, sondern auch im weiten Umkreis vertreiben die Emissionen und Gefahren des motorisierten Verkehrs die Menschen von Gehwegen, Balkonen und Fenstern. Bei Neubauten werden die Fenster von Wohn- und Schlafräumen möglichst von der Straße weg, zum rückwärtigen Garten hin orientiert. Die Verkehrsstraßen bilden Gräben, welche die Bewohner trennen, nicht wie im Mittelalter verbinden. Breite Schutzgrünstreifen mindern zwar die Emissionen, verstärken aber die trennende Wirkung noch.

Selbst auf den abseits vom motorisierten Verkehr durch Grünanlagen geführten reinen Fußwegen verlieren sich die infolge der aufgelockerten Bebauung wenigen Benutzer, und abends ist fast niemand mehr unterwegs. Angst und Unsicherheit machen sich breit. Wohnungen und Betriebe, auch Autos, werden mit Zäunen und Alarmanlagen gut gesichert. Insgesamt findet also überall in unseren Städten ein Abbau an Begegnungsmöglichkeiten statt. Der Einzelne fühlt sich zunehmend isoliert und einsam. Die drei wichtigsten Gründe für diese Entwicklung sind die Ausdehnung der Bebauung, die Entmischung der Nutzungen sowie die Zunahme des Individualverkehrs.

1.2   Natur- und Landschaftsverbrauch

1.2.1   Naturschutz im Baurecht

Eine weitere Folge der ständigen Ausdehnung aller Städte und der Zersiedelung des ganzen Landes ist wie schon dargestellt der progressive Verbrauch von Naturflächen. Um dem entgegenzuwirken, bestimmt das Baugesetzbuch, dass mit Grund und Boden „sparsam und schonend" umgegangen werden soll und Bodenversiegelungen „auf das notwendige Maß" zu begrenzen sind. Das ist jedoch nicht mehr als ein unverbindlicher Appell an die Einsicht des Einzelnen. Schon konkreter wird die Baunutzungsverordnung, die für jedes

Baugrundstück bestimmt, welcher Anteil durch Gebäude, befestigte Flächen, etwa Stellplätze, oder unterirdische Bauten wie Tiefgaragen maximal versiegelt werden darf. Die Obergrenze der Bodenversiegelung hängt von der Art der Nutzung des Baugebiets ab und ist durch die Grundflächenzahl (GRZ) in jedem Bebauungsplan festzulegen. Die GRZ liegt zwischen 0,2 für Kleinsiedlungsgebiete und 1,0 für Kerngebiete. Meistens beträgt sie 0,4, zum Beispiel in Reinen und Allgemeinen Wohngebieten. Obergrenzen für Bodenversiegelungen sind im Interesse eines sparsamen Naturverbrauchs grundsätzlich zu bejahen. Aber die Regeln der Baunutzungsverordnung enthalten so viele Ausnahmen, dass sie in der Praxis selten oder nie zu einer Begrenzung des Naturverbrauchs führen.

Besonders größere Bäume sind bei allen Bauvorhaben möglichst zu erhalten. Stehen beispielsweise mehrere Bäume auf einem Baugrundstück, ist durch die Verteilung der Baumassen anzustreben, dass möglichst wenige oder zumindest nicht die wertvollsten Bäume gefällt werden müssen. Um vorhandene Bäume nicht zu gefährden, ist ferner der Wurzelbereich von Baumaßnahmen wie dem Ausheben einer Baugrube freizuhalten, dessen Radius um die Stammmitte von Größe und Art des Baumes abhängt und im Allgemeinen zwischen 3 und 10 m beträgt. Die Gemeinden können dies durch Baumschutzsatzungen vorschreiben, deren Erlass jedoch in das Ermessen der einzelnen Kommune gestellt ist. Wenn dann ein Eigentümer einen größeren Baum auf seinem Grundstück fällen will, kann ihm das nicht untersagt werden. Er muss lediglich einen oder mehrere junge Bäume als Ersatz pflanzen, was weder einen wirksamen Schutz vor dem Abholzen noch einen angemessenen Ausgleich für den Verlust eines großen Baumes darstellt. Will die Gemeinde dagegen einen bestimmten, besonders wertvollen Baum erhalten, muss sie ihn als Naturdenkmal unter Schutz stellen; Näheres dazu in Abschn. 2.3.2. Auch Baumschutzsatzungen sind im Interesse des Naturschutzes grundsätzlich zu bejahen. Aber sie sind ebenfalls wenig geeignet, den Naturverbrauch im Bauwesen einzuschränken.

Dieses Ziel lässt sich schon eher erreichen durch die Bestimmung des Bundesnaturschutzgesetzes, „Eingriffe in die Leistungsfähigkeit des Naturhaushalts" durch Baumaßnahmen 1) möglichst zu vermeiden, – das entspricht der o. a. Vorschrift des Baugesetzbuches – 2) nicht vermiedene Eingriffe auszugleichen und 3) nicht ausgleichbare Belastungen zu kompensieren. Ein vollwertiger Ausgleich für Verluste an Naturfläche ist die flächengleiche Wiederherstellung an anderer Stelle, etwa für die Versiegelung bisher landwirtschaftlich genutzter Flächen durch Gebäude und Straßen die Renaturierung einer Industriebrache. Brachliegende Flächen gibt es in vielen Gemeinden, selbst in Großstädten; mehr dazu in Kap. 3 und 4. Wo das nicht der Fall ist, kann der Naturverbrauch durch eine ökologische Aufwertung von Naturflächen an anderer Stelle ausgeglichen werden, etwa indem man einen verrohrten Bach renaturiert oder eine Ackerfläche aufforstet.

Das setzt jedoch eine Methode voraus, wie man den ökologischen Wert der überplanten Fläche und den Mehrwert der Ausgleichsmaßnahmen bestimmt. Nun gibt es zwar in den Bundesländern verschiedene Verfahren, zum Beispiel in Nordrhein-Westfalen von Adam, Nohl und Valentin, mit denen sich der ökologische Wert von Flächen und Maßnahmen ausreichend genau ermitteln lässt. Aber eine verbindliche, bundeseinheitliche Regelung fehlt bis heute. Deshalb können Gemeinden beispielsweise bei der Aufstellung von Bebauungsplänen für Neubaugebiete als Ausgleich für die Versiegelung von 40 % des Plangebiets etwas Straßenbegleitgrün oder ein paar Kinderspielplätze angeben, deren ökologischer Wert wegen der intensiven Nutzung gegen Null tendiert. Der Ermessensspielraum der Kommunen ist dabei praktisch unbegrenzt.

Legt man dagegen ein anerkanntes Bewertungsverfahren zugrunde, wird der Ausgleich im Gebiet des Bebauungsplans selbst zumindest bei verdichteter Bebauung oder bei ökologisch wertvolleren überplanten Naturflächen oder bei größerem Baumbestand regelmäßig nicht möglich sein. Dann ist es sinnvoller, alle größeren Ausgleichsmaßnahmen in einer Gemeinde an einer Stelle mit besonderem Handlungsbedarf zu konzentrieren, etwa um bestehende Naturschutzgebiete durch FFH-Flächen zu vernetzen (Näheres s. u.). Das ist dann die vom Bundesnaturschutzgesetz vorgesehene Kompensation oder Ersatzmaßnahme. Die dafür notwendigen Flächen sind im Flächennutzungsplan zu sichern. So soll, wenn es schon nicht möglich ist, jede Ausweitung der Siedlungsfläche zu unterbinden, zumindest die ernsthafte Prüfung der Vermeidbarkeit in jedem Fall erreicht werden.

1.2.2   Naturschutzgebiete

Selbst wenn alle Gemeinden ihren Naturverbrauch auf Null reduzieren oder unvermeidbare Eingriffe in die Natur in Zukunft stets ausgleichen oder kompensieren würden, wäre das nicht ausreichend, die Natur in Mitteleuropa vor einem Zusammenbruch zu bewahren, wie das progressive Artensterben hierzulande beweist. Während in früheren Zeiten die natürliche Aussterberate rund eine Pflanzen- und Tierart pro Jahrhundert betrug, sind es heute schon mehrere pro Tag, die für immer verschwinden. Inzwischen stehen bis zu 70 % der Arten in den verschiedenen Klassen und Ordnungen der Flora und Fauna auf den Roten Listen der Spezies, die vom Aussterben bedroht sind. Das hat zwar verschiedene Ursachen, insbesondere auch die konventionelle Landwirtschaft, aber Städtebau und Verkehr tragen nach Meinung der Fachleute eindeutig am meisten zum Rückgang der Arten bei. Die Naturschutzbewegung in Deutschland ging in ihren Anfängen von den bedrohten Arten aus. Seltene Blumen sollen nicht gepflückt, seltene Tiere nicht gejagt werden. Das ist auch weiterhin richtig, aber angesichts der großen Zahl bedrohter Arten ebenfalls heute nicht mehr ausreichend.

Alle Pflanzen und Tiere sind nur lebensfähig in Gemeinschaften von mehreren 100 oder 1.000 Arten, die voneinander abhängen („Biotope"). Ein erdgeschichtlich beispielloses Massenaussterben von Arten wie derzeit lässt daher immer mehr Arten untergehen. Es ist wie eine Kettenreaktion. Diese Entwicklung lässt sich nur aufhalten, wenn man nicht nur einzelne Arten, sondern auch ihre Lebensräume erhält („Biotopschutz"). Besonders schutzwürdig sind Gebiete, in denen die ursprüngliche Vielfalt der Natur noch großenteils vorhanden ist, beispielsweise in natürlich belassenen Wäldern oder Gewässern, oder wo sie sich spontan wieder gebildet hat, etwa in lange verlassenen Kiesgruben oder Steinbrüchen. Die Erhaltung der Natur ist durch Ausweisung als Naturschutzgebiet im Flächennutzungsplan zu sichern, mit der Folge, dass dort (fast) keine Baumaßnahmen mehr zulässig sind und auch andere Nutzungen eingeschränkt werden dürfen, zum Beispiel der Einsatz von Düngemitteln und Pestiziden in der Landwirtschaft.

Als Naturschutzgebiet festgesetzt sind in den westlichen Bundesländern im Mittel nur 2–3 % der Gesamtfläche, in Ostdeutschland dagegen rund 10 %, einschließlich der großflächigen Nationalparks und Biosphärenreservate. Wie viel Prozent des Landes unter Schutz zu stellen sind, um die Erhaltung der Natur zu sichern, lässt sich zwar nicht generell beantworten. Mit Sicherheit sind jedoch 2–3 % zu wenig, wie der nach wie vor progressive Artenrückgang beweist. Andererseits gibt es auch in Westdeutschland noch weit mehr Gebiete mit erhaltenswerter Natur, die aber mit Blick auf private Bauwünsche oder kommunale Planungen nicht unter Schutz gestellt werden. Der maßgebende Grund für das Vollzugsdefizit ist der (fast) unbegrenzte Ermessensspielraum, den das Baugesetzbuch den Gemeinden bei der Ausweisung von NSG einräumt. Sie haben bei der Aufstellung von Bauleitplänen lediglich die verschiedenen öffentlichen und privaten Belange „gerecht abzuwägen". Eine Verpflichtung, das öffentliche Interesse an der Erhaltung der Natur höher zu bewerten als private Bauwünsche, ist das jedenfalls nicht. Daher sollten zumindest alle bedeutenden Biotope zusätzlich durch die Regionalplanung gesichert werden, denn die Unterschutzstellung im Gebietsentwicklungsplan ist für die Gemeinde bindend. Darüber hinaus erscheint eine Einschränkung des kommunalen Ermessens unerlässlich, wenn Naturflächen bestimmte, genau festzulegende Kriterien der Schutzwürdigkeit erfüllen.

1.2.3   Die Vernetzung der Naturschutzgebiete

Weiter ist auf eine ausreichende Größe des einzelnen Naturschutzgebietes zu achten, da zu kleine Biotope schnell zur Artenverarmung führen. Schutzgebiete, die wie kleine Inseln im weiten Meer als Restflächen in einem Umfeld liegen, in dem flächendeckend die Vielfalt der Natur zerstört wurde, sind nicht überlebensfähig. Im Ballungsgebiet an Rhein und Ruhr beispielsweise sind alle NSG heute schon zu klein. Überall ist ein erheblicher Artenrückgang festzustellen. Daher sind die vorhandenen NSG zu ihrer dauerhaften Erhaltung miteinander zu verbinden, damit ein Artenaustausch stattfinden kann. Nicht ein Flickenteppich von Einzelflächen, sondern ein zusammenhängendes Netz geschützter Naturräume ist zu entwickeln. Dabei muss zwischen den verschiedenen Biotoparten unterschieden werden. Jede Biotopart ist getrennt zu vernetzen, die Gehölze, die Feuchtgebiete, fließende Gewässer und Moore, Meeres- und Küstenbiotope, Trocken- und Magerbiotope.

Das Biotopverbundsystem darf auch nicht an den Landesgrenzen aufhören. Deshalb hat die Europäische Union in der „Flora-Fauna-Habitat-Richtlinie" 1992 alle Mitgliedstaaten aufgefordert, ein europaweites Netz von Schutzgebieten zur Erhaltung der biologischen Vielfalt zu schaffen. Nach der Übernahme in nationales Recht, die in Deutschland bereits mit vier Jahren Verspätung erfolgte (§§ 31–36 BNatSchG, 1998), waren in einem ersten Schritt Gebiete zu benennen, die in der FFH-Richtlinie genau festgelegten Kriterien entsprechen. Hier haben in Deutschland die für die Umsetzung der Richtlinie zuständigen Bundesländer mit Rücksicht auf die Interessen der Wirtschaft und staatliche Infrastrukturplanungen innerhalb der ersten für die Meldung gesetzten Frist keine einzige Fläche angegeben. Erst nachdem die EU Deutschland vor dem Europäischen Gerichtshof wegen

Säumigkeit verklagt und ein Zwangsgeld angedroht hat, sowie auf beharrliches Drängen der Naturschutzverbände hin, meldeten die Länder bis 2010 nach und nach 4.621 Gebiete als FFH-geeignet nach Brüssel. Das ist jedoch mit 9,3 % der Landfläche bis heute etwa halb so viel wie der europäische Durchschnitt; Ähnliches gilt für die Meeresflächen.

Die Europäische Kommission hat die Vorschläge der Mitgliedstaaten für FFH-Gebiete mit den Schutzgebieten nach der Vogelschutz-Richtlinie der EU in einer Liste zusammengefasst, die 2004 erstmals veröffentlicht worden ist. Die Mitgliedstaaten sind verpflichtet, die Flächen in dieser Liste binnen 6 Jahren unter Schutz zu stellen. Bis zum Erreichen des Ziels, ein europaweites Netz von Schutzgebieten auszuweisen, ist noch ein weiter Weg. Vorrangig ist zur Zeit in Deutschland die Schaffung eines zusammenhängenden „Grünen Bandes" entlang der ehemaligen innerdeutschen Grenze, das in Zukunft durch ganz Europa vom Nordmeer bis zum Schwarzen Meer verlaufen soll.

Geschützt werden muss schließlich nicht nur die Natur, die einzelnen Pflanzen und Tiere, sondern auch die Landschaft, das Gesamtbild, das die Natur bietet, von einer Waldlichtung über ein Flusstal bis zu den Meeresküsten oder den Alpen. Die rechtlichen Regelungen des Landschaftsschutzes entsprechen weitgehend denen des Naturschutzes. Besonders erhaltenswerte Landschaften sind durch die Ausweisung als Landschaftsschutzgebiet im Flächennutzungsplan zu sichern. Auch die oben für den Naturschutz dargestellte Eingriffsregelung gilt ebenso für Eingriffe in die Landschaft. Aber die Rechtsfolgen sind unbefriedigend. Man denke beispielsweise an die Alpen. Trotz Ausweisung als Landschaftsschutzgebiet durften dort Tausende Skilifte, Bergbahnen und Hotels gebaut werden. Überall gibt es Straßen und Verkehr. Inzwischen sind die Hänge oft vom Skifahren wie abgehobelt. Der Bergwald steht weithin kurz vor dem Ende, eine Folge vor allem der Autoabgase. Immer mehr Betonverbauungen müssen den Lawinenschutz der abgestorbenen Bäume ersetzen. Wie will man eine derart starke Beschädigung und Zerstörung dieser einzigartigen Landschaft noch ausgleichen oder kompensieren?

1.3   Rohstoff- und Energieverbrauch

1.3.1   Allgemeines

Durch die Auflösung der Städte nimmt nicht nur der Verbrauch der belebten Natur, sondern auch der anderer begrenzter natürlicher Rohstoffe beständig zu. Wenn die entwickelten Staaten ihren verschwenderischen Lebensstil nicht ändern und nun auch Länder wie China und Indien dieselbe Wirtschaftsweise anstreben, werden viele Rohstoffe noch in diesem Jahrhundert weltweit zur Neige gehen. Besonders knapp ist heute schon in vielen Weltregionen der Rohstoff Wasser. Für Deutschland sollen am Beispiel der fossilen Energieträger Erdöl und Erdgas die Grenzen des Rohstoffverbrauchs veranschaulicht werden. Die heute bekannten und vermuteten Vorkommen dieser beiden Rohstoffe werden schon bei dem gegenwärtigen Verbrauch in einigen Jahrzehnten weltweit erschöpft sein. Dabei nimmt der Weltenergiebedarf beständig zu. Der Weltenergierat schätzt, dass er sich von 1990 bis 2040 mehr als verdoppeln wird. Auch in Deutschland ist er bis 1980 stark gestiegen, in den alten Bundesländern allein von 1960–1980 um 85 %. Durch die erste große Ölpreiserhöhung 1973 wurde erstmals vielen bewusst, wie begrenzt die Vorräte an Erdöl und Erdgas sind. Seither ist bei der Entwicklung des Energieverbrauchs in Deutschland zu differenzieren.

Im Hochbau wird für die Beheizung und Warmwasserversorgung einer beständig zunehmenden Zahl von Gebäuden trotz intensiver Energiesparbemühungen (s. u.) immer mehr Energie benötigt, inzwischen rund 40 % des deutschen Gesamtenergieverbrauchs. Im Verkehr als Nächstes wächst der Energiebedarf wegen der Zunahme des motorisierten Verkehrs noch schneller. Der Verkehrssektor beansprucht zur Zeit über 25 % des gesamten Energieeinsatzes, mit deutlich steigender Tendenz. Der sonstige Energieverbrauch, in Haushaltungen, Büros, Fabriken und nicht gewerblichen Einrichtungen einschließlich der Kraftwerke zur Stromerzeugung stagniert dagegen trotz steigender Produktion der Wirtschaft seit 1980 und beträgt heute etwa ein Drittel des Gesamtbedarfs. Insgesamt wächst der Energieverbrauch in Deutschland seit 1980 bedeutend langsamer als vorher, und weil der Anteil von Erdöl und Erdgas in dieser Zeit von rund 67 % auf 60 % zurückging, ist der Verbrauch dieser beiden Energieträger absolut sogar leicht gesunken.

Aber das wird auf die Dauer nicht ausreichen. Stattdessen muss der Verbrauch von Öl und Gas so schnell eingeschränkt werden, dass der Energiebedarf bei Erschöpfung der Vorkommen rechtzeitig aus anderen Quellen gedeckt werden kann. Hinzu kommt der Beschluss der Bundesregierung vom Sommer 2011, aus der Nutzung der Atomenergie beschleunigt auszusteigen, sodass auch auf diese Energiequelle in rund einem Jahrzehnt verzichtet werden soll. Selbst wenn eine künftige Regierung diesen Beschluss zurücknehmen sollte, können Atomkraftwerke außerdem die fossilen Energieträger nur zu einem kleinen Teil ersetzen. Auch ein Ausweichen auf Steinkohle und Braunkohle in großem Maße, deren Vorräte bei heutigem Verbrauch noch für Jahrhunderte ausreichen würden, ist aus Gründen des Klimaschutzes inakzeptabel; Näheres im nächsten Abschn. 1.4. Bleibt die Energiegewinnung aus erneuerbaren Quellen: Bisher ging die Planung der Stromversorgung von Großkraftwerken aus, die möglichst verbrauchernah errichtet wurden. Erneuerbare Stromquellen wie Solaranlagen und Windräder dagegen sind dezentral, nicht verbrauchernah und liefern Energie nicht, wenn sie gebraucht wird, sondern wenn die Sonne scheint oder der Wind weht.

Daher besteht die einzige Lösung des Energieproblems nicht darin, das Angebot in seiner heutigen Höhe zu sichern, sondern die Energienachfrage zu senken. Die Möglichkeiten dazu sind ganz erheblich. Zunächst lässt sich viel Energie einsparen durch technische Maßnahmen im Bauwesen, im Verkehr, in Gewerbebetrieben und Haushaltungen. Weiter werden in der Regel nicht die „Primärenergien" wie Öl und Gas gebraucht, sondern Energie zum Beispiel in Form von Wärme oder Licht („Sekundärenergie"). Bei der Umwandlung von Primär- in Sekundärenergie aber entstehen erhebliche Verluste, die besonders hoch sind bei mehrfacher Energieumwandlung. Wenn beispielsweise im Kraftwerk Kohle in Strom und anschließend in der Glühbirne Strom in Licht umgewandelt wird, betragen die Verluste der Umwandlung von Kohle in Licht insgesamt über 90 %. Verschiedene Untersuchungen kommen zu dem Ergebnis, dass der Primärenergieverbrauch mindestens um den Faktor 4 gesenkt werden muss, damit die fossilen Energieträger so lange ausreichen, bis Energie aus regenerativen Quellen den Energiebedarf ganz zu decken vermag, auf Atomstrom verzichtet werden kann sowie auf die aus Sicht des Klimaschutzes ebenso bedenkliche Verstromung der Braunkohle.

1.3.2 Energieverbrauch im Hochbau

Für den Energieverbrauch im Hochbau folgt daraus, dass vorrangig Heizenergie gespart werden muss. Die häufigsten Sparmaßnahmen, die bei allen Gebäuden, Altbauten wie Neubauten, möglich sind, bestehen in der Verbesserung der Wärmedämmung von Außenwänden, Dachflächen und zum Erdreich bzw. zum Keller hin. Noch wichtiger sind Maßnahmen an Fenstern und Türen wie Zweifach- oder Dreifachverglasungen, dicht schließende Rahmen, temporärer Wärmeschutz etwa durch Rollläden sowie die Wärmerückgewinnung beim Lüften. Das Energieeinsparpotential dieser Maßnahmen beträgt bei Altbauten mindestens 50 %. Bei Neubauten kommen weitere Möglichkeiten hinzu, die Wärmeverluste zu vermindern. Am wirksamsten ist die Reduzierung der Außenflächen. Da jede Bauaufgabe ein anderes Volumen erfordert, ist generell ein möglichst kleiner Quotient für A : V = Außenfläche : Volumen anzustreben. Dieser Quotient ist bei einem würfelförmigen Baukörper am kleinsten. Er hängt jedoch weitgehend von dem Entwurf des Architekten ab und kann, etwa bei starker Gliederung der Baumassen oder der Fassaden, auch vier- und mehrfach größer sein. Entsprechend stark variiert der Heizenergiebedarf. Viel Energie lässt sich weiter durch die Gestaltung des Grundrisses einsparen, beispielsweise indem man Wohnzimmer- und Kinderzimmerfenster einer Wohnung möglichst zur Sonne hin orientiert. Insgesamt beträgt das Energieeinsparpotential bei Neubauten daher mindestens 70 % gegenüber einer früher üblichen Bauausführung.

Darüber hinaus lässt sich viel Energie einsparen durch eine Heizungsanlage nach neuestem Stand der Technik, deren Wirkungsgrad bis zu 50 % besser sein kann als ältere Heizungen. Auch durch die Zusammenfassung der Hausheizung und der Warmwasserversorgung in einer Anlage kann man viel Energie sparen. Besonders groß sind dagegen die Umwandlungsverluste, wenn zunächst in einem Kraftwerk Strom erzeugt wird, – Wirkungsgrad im Mittel nur 25 % (Atomkraftwerk) bis 45 % (modernes erdgasbefeuertes Kraftwerk) –, der Strom über weite Entfernungen zum Verbraucher geleitet wird, wobei weitere Verluste entstehen, und beim Verbraucher schließlich in Küche und Bad das Wasser erwärmt und eine Nachtstromspeicherheizung betreibt. Der Gesamtwirkungsgrad dieser Energieumwandlungskette beträgt nur noch 10–15 %.

Am wirkungsvollsten kann man fossile Energieträger daher durch Kraft-Wärme-Kopplung (KWK) nutzen. Heute wird der Strom für die Elektrogeräte der Verbraucher regelmäßig in Kraftwerken zentral erzeugt, während die Heizwärme überwiegend verbrauchernah in den einzelnen Gebäuden bereitgestellt wird. KWK bedeutet nun, Strom und Wärme zugleich in verbrauchernahen Heizkraftwerken zu erzeugen. Der Wirkungsgrad solcher Anlagen ist sehr hoch, in der Regel rund doppelt so groß wie der von Kraftwerken. Es gab zunächst nur KWK-Anlagen für größere Gebäudekomplexe wie Schulen oder Kranken-häuser. Lagen dann die zu heizenden Gebäude weit auseinander, wurde der Wirkungsgrad durch Wärmeverluste in den Leitungen stark gemindert. Aber inzwischen gibt es auch Klein- oder Blockheizkraftwerke für kleinere Gebäude, die zudem einen noch besseren Wirkungsgrad erreichen (bis 96 %). Sie sind nicht nur für Neubauten geeignet. Auch in älteren Gebäuden ist der Ersatz einer Heizungsanlage durch ein Blockheizkraftwerk oft möglich und zu empfehlen.

Insgesamt erscheint daher bei Hausheizung und Warmwasserversorgung eine Erhö-hung der Primärenergieeffizienz um den Faktor 4 generell erreichbar. Dennoch geht der Heizenergieverbrauch im Hochbau seit Jahren trotz intensiver Einsparbemühungen nicht zurück. Das liegt nur zum kleineren Teil an fehlenden Vorschriften. So sind die Vorgaben der Energieeinsparverordnung derart vorsichtig, dass Neubauten, deren Wärmeverluste wie gesagt mindestens um 70 % reduziert werden könnten, tatsächlich im Durchschnitt nur etwa 30 % sparsamer als frühere Gebäude sind. Der Hauptgrund dafür, dass der Ener-gieverbrauch nicht abnimmt, ist jedoch das ungebremste Wachstum der Städte, die be-ständig zunehmende Zahl der zu heizenden Gebäude. Hinzu kommt, dass Neubaugebiete regelmäßig viel lockerer bebaut werden als ältere Stadtteile. Von der Bauweise aber hängt der Energieverbrauch stark ab. Frei stehende Einfamilienhäuser beispielsweise benötigen pro Quadratmeter Wohnfläche rund 50 % mehr Heizwärme als zweigeschossige Reihen-hauszeilen und 100–150 % mehr als die in vielen Innenstädten vorherrschende Blockbe-bauung. Schließlich kann der Heizenergieverbrauch in locker besiedelten Randbereichen einer Stadt bis zu 10 % größer sein als in der Stadtmitte, weil die Lufttemperatur im Zent-rum oft mehrere Grad höher als im Umland ist. Insgesamt wurden so bisher alle Energie-sparmaßnahmen im Hochbau durch die beständige Ausdehnung und Auflockerung aller Städte und den dadurch bedingten Mehrverbrauch an Energie überwiegend kompensiert.

Neben dem Energiebedarf von Gebäuden während ihrer Benutzungszeit ist ferner der Aufwand an Energie zur Errichtung oder Energie sparenden Sanierung der Bauten zu be-denken. Jede Energieeinsparung wird daher um den Energieaufwand für die Gebäude-herstellung gemindert. Deshalb ergibt die energetische Sanierung eines Altbaus immer eine bessere Energiebilanz als ein Neubau, selbst wenn bei dem Neubau die Wärmever-luste stärker reduziert werden als bei einem Altbau. Auch weisen Niedrigstenergiehäuser, bei denen mit hohem baulichem Aufwand noch die letzte Energiesparmöglichkeit aus-geschöpft wird, keineswegs eine bessere Energiebilanz auf als Niedrigenergiehäuser. Die zur Herstellung oder Sanierung eines Gebäudes erforderliche Energie hängt stark von den gewählten Baumaterialien ab. So rechnet man für Herstellung, Transport und Verarbei-tung eines Kubikmeters einbaufertiger Bauteile aus Holz 8–30 kWh, für dieselbe Menge aus Beton 150–200 kWh und für Stahlbauteile 500–600 kWh. Eine Erhöhung der Ener-gieeffizienz mindestens um das Vierfache erscheint daher auch bei der Herstellung von Gebäuden erreichbar, etwa durch die verstärkte Verwendung des Baustoffes Holz, wie sie beispielsweise in Nordamerika seit Jahrhunderten im Wohnungsbau üblich ist.

1.3.3   Energieverbrauch im Verkehr

Auch beim Energieverbrauch im Verkehr kommt es vorrangig darauf an, den Kraftstoffverbrauch der Fahrzeuge zu senken. Durch windschlüpfrige und leichtere Karosserien, die weniger starke Antriebe benötigen, und neue Motoren mit besserem Wirkungsgrad ist heute bereits ein Normverbrauch von 5–7 l/100 km für einen Mittelklasse-Pkw oder eine Kraftstoffeinsparung von fast 50 % erreichbar. Eine weitere Halbierung des Benzinverbrauchs erscheint in Zukunft möglich. Ähnliches gilt für Lkw, Busse und Bahnen. Damit lässt sich auch im Verkehrssektor die Effizienz des vorwiegend eingesetzten Energieträgers Erdöl mehrfach erhöhen. Dennoch ist der Energieverbrauch im Verkehr bis 2002 nicht gesunken, sondern im Gegenteil beständig gestiegen. Erst seit 2003 nimmt er leicht ab, eine Folge der starken Erhöhung des Ölpreises, und seit 2008 infolge der Wirtschaftskrise.

Eine Ursache für die Zunahme des Kraftstoffverbrauchs in Deutschland ist der Trend zu immer größeren und schnelleren Autos, deren Normverbrauch zwar häufig niedriger ist als beim Vorgängermodell, die aber bei rascher Fahrweise trotzdem mehr statt weniger Benzin schlucken. Und wer einen PS-starken Wagen kauft, möchte in der Regel damit auch schnell fahren, wenn die Verkehrsverhältnisse es erlauben. Die Bundesregierung hat gegen diese Tendenz bisher so gut wie nichts unternommen. So ist Deutschland inzwischen das letzte Land in der Europäischen Union ohne eine generelle Geschwindigkeitsbegrenzung auf Autobahnen. Andererseits wird von der Autolobby bezweifelt, dass ein Tempolimit auf Autobahnen zu einer nennenswerten Kraftstoffeinsparung führen würde.

Der Hauptgrund für die Zunahme des Treibstoffverbrauchs war jedoch in der Vergangenheit das starke Wachstum des motorisierten Verkehrs. Er nimmt nicht nur in den Städten beständig zu, sondern auch landesweit, eine Folge der immer noch steigenden Zersiedelung vor allem in den alten Bundesländern. Hinzu kommt der durch die Globalisierung der Wirtschaft und insbesondere durch die Osterweiterung der EU bedingte wachsende internationale Verkehr. Das bislang einzige Mittel, die Zunahme des Kraftstoffverbrauchs abzubremsen, stellen die Mineralöl- und die Ökosteuer dar. Tatsächlich wäre ohne diese Steuern der Benzin- und Dieselverbrauch in Deutschland noch wesentlich höher, wie das Beispiel der USA zeigt.

Auch dadurch, dass der Individualverkehr (IV) einen immer größeren Anteil am wachsenden Gesamtverkehr ausmacht, steigt der Treibstoffbedarf. In den Städten verlagert sich der Verkehr zunehmend von den öffentlichen Verkehrsmitteln (ÖV) zum IV. Busse und Bahnen aber verbrauchen deutlich weniger Energie als Autos. Die Zahl der belegten Sitzplätze beispielsweise beträgt in der Hauptverkehrszeit nur 1,3–1,4 pro Pkw, dagegen 700–900 bei S- und U-Bahnen. Der Energieverbrauch je Person und Kilometer einer gut besetzten Bahn ist daher um 60–90 % niedriger als der eines Pkw. Ähnliches gilt für den überörtlichen Verkehr. Durch die Verlagerung des Verkehrs von der Straße auf die Schiene ließe sich viel Energie einsparen. Tatsächlich aber geschieht seit langem das Gegenteil. Noch 1950 war die Bahn das vorherrschende Verkehrsmittel sowohl für die Personenbeförderung wie für den Gütertransport. Heute dagegen beträgt der Anteil des Autos am Personenverkehr über 80 %, beim Güterverkehr 60 %. Auch der Luftverkehr, der je Tonne und Personenkilometer

ein Vielfaches an Energie gegenüber dem Schienenverkehr erfordert, wächst mit oft zweistelligen Jahresraten, allein in den 1990er Jahren um über 100 %. – Alle genannten Entwick-
lungen zusammen bedeuten für den innerörtlichen Verkehr, dass allein Verbesserungen
im Fahrzeugbau keine nennenswerte Abnahme des Energieverbrauchs bewirken können,
solange das Wachstum des IV nicht aufhört, das durch die Auflösung der Städte und die
progressive Zersiedlung des ganzen Landes verursacht wird. Um eine Senkung des Energieverbrauchs im Hochbau und im Verkehr auf ungefähr ein Viertel zu erreichen, muss also
der Trend zur Auflockerung und Entmischung aller Städte beendet werden.

1.4   Natur- und Umweltbelastungen

1.4.1   Feste Abfälle

Alle Dinge auf der Erde bilden seit Milliarden Jahren einen praktisch verlustlosen Kreislauf. Ganz anders dagegen die Wirtschaftsweise des Menschen. Er verbraucht Natur, Energie und Rohstoffe, produziert Gebäude, Autos und Computer, die nach mehr oder weniger kurzer Zeit zu Bauruinen und umweltbelastendem Schrott werden. So erzeugt das
Wachstum der Städte und die Zunahme des Verkehrs auch immer mehr Abfälle, Abwässer
und Emissionen verschiedener Art; zunächst die festen Abfälle: Seit Anfang der 1950er
Jahre hat sich die jährliche Menge des Hausmülls ungefähr verfünffacht und beträgt heute
rund 500 kg pro Einwohner. Industrie und Gewerbe produzieren noch weit mehr Abfall.
Allein im Bauwesen, in Hochbau und Straßenbau, entstehen fast 50 % aller Abfälle, mehr
als dreimal so viel wie der gesamte Hausmüll und hausmüllähnliche gewerbliche Abfälle
zusammen.

   Da der vorhandene Deponieraum dafür seit Jahren nicht mehr ausreicht, muss das Volumen des Mülls vor der Ablagerung stark vermindert werden. Durch Verlängerung der
Lebensdauer und gute Reparierbarkeit von Produkten sowie durch die Vermeidung von
Einwegverpackungen und Dingen, die nach einmaligem Gebrauch weggeworfen werden,
lässt sich der Abfall bis zu 30 % vermindern. Weiter kann man die im Abfall enthaltenen
Wertstoffe zurückgewinnen. Papier und Glas beispielsweise lassen sich zwar nicht unbegrenzt oft, aber relativ leicht recyceln. Auch Küchen- und Gartenabfälle können durch
Kompostierung wieder in den natürlichen Stoffkreislauf zurückgeführt werden. Schließlich wird durch Verbrennung das Volumen des Mülls 3–4 fach verringert. Zugleich lässt
sich die Müllverbrennung zur Energiegewinnung nutzen. Das ergibt insgesamt eine Reduzierung des ursprünglichen Müllvolumens um 90 % oder mehr. Bei den Bauabfällen werden diese Möglichkeiten jedoch bisher kaum genutzt. Das Baumaterial Holz beispielsweise
ist bei richtiger Verarbeitung und Behandlung langlebig und recycelbar. Scheidet eine er-
neute Verwendung aus, kann es zu Spanplatten weiterverarbeitet oder zur Energiegewinnung durch Verbrennen genutzt werden. Das geschieht jedoch nur selten. Noch wichtiger
ist, dass man langlebige, gut zu unterhaltende und variabel nutzbare Häuser baut, die auch
zukünftige Generationen – unter Umständen ganz anders – nutzen können.

Schließlich die Problematik der Menschen, Natur oder Umwelt gefährdenden Abfälle, euphemistisch als „Sondermüll" bezeichnet: Er darf nur auf besonders gesicherten Sonderdeponien abgelagert werden. Da bei den Sonderdeponien das Defizit noch mehrfach größer ist als bei den normalen Deponien, muss Sondermüll 1) möglichst vermieden werden, zum Beispiel durch Änderung des Produktionsprozesses bei industriellen Abfällen, 2) nicht vermiedener Sondermüll recycelt oder unschädlich gemacht und 3) der Rest in Sonderdeponien dauerhaft von Natur und Umwelt abgeschlossen werden. Die Schwierigkeit, diese Bedingung zu erfüllen, zeigt sich beispielhaft an der bis heute vergeblichen Suche nach einem Standort für ein atomares Endlager für hochradioaktive Abfälle aus Atomkraftwerken. Der weitaus meiste Sondermüll fällt zwar in der Industrie, speziell in der Chlorchemie an. Aber auch unter den Baustoffen gibt es schädliche Produkte. Asbestfaserzement beispielsweise ist zwar inzwischen verboten, aber der bei Sanierung oder Abriss asbestverseuchter Gebäude anfallende Bauschutt muss als Sondermüll aufwändig entsorgt werden. Als Schadstoff verdächtigt wird seit Jahren auch der Massenkunststoff Polyvinylchlorid (PVC) und ebenso die zur Verbesserung der Wärmedämmung heute massenhaft verwendeten Schaumstoffe auf Polyurethanbasis wie Styropor.

1.4.2 Gewässerverunreinigungen

In Deutschland stellt nicht zunehmender Wasserverbrauch, sondern die Abnahme der Wasserquellen ein Problem dar. Die Städte können ihren Wasserbedarf regelmäßig nicht aus dem eigenen Grundwasser decken. Niederschläge fließen von den versiegelten Flächen größtenteils gleich in die Kanalisation, nur wenig gelangt ins Grundwasser. Folglich sinkt der Grundwasserspiegel, zumeist um mehrere Meter. Also decken die Städte ihren Bedarf primär durch Grundwasser in ländlichen Gebieten. Dort aber ist das Grundwasser zunehmend mit Agrarchemikalien belastet. In der modernen Landwirtschaft werden allgemein viel zu viele chemische Düngemittel ausgebracht, die deshalb nur teilweise abgebaut werden und schließlich ins Grundwasser gelangen. Noch mehr sind die Gewässer durch die in der Landwirtschaft massenhaft verwendeten Pestizide gefährdet. Im Regierungsbezirk Düsseldorf etwa überschreiben diese Schadstoffe bereits bei 40 % aller Grundwasserbrunnen die zulässigen Höchstwerte und 100 % sind bedroht.

Deshalb sind die Städte zusätzlich auf Oberflächengewässer angewiesen. Das Verhältnis beträgt heute in Deutschland im Allgemeinen 70 % Grundwasser zu 30 % Oberflächenwasser und Uferfiltrat. Aber auch in den Fließgewässern nehmen die Verunreinigungen vor allem durch Industrieabwässer beständig zu. Die Schadstoffe differieren zwar von Branche zu Branche stark. Aber insgesamt ist der Anteil der schwer oder gar nicht abbaubaren und gewässerschädigenden Substanzen vielfach höher als im Haushaltsabwasser, besonders in der chemischen, der Zellstoff- und Papierindustrie, in Galvanisierbetrieben oder gewerblichen Reinigungsanstalten. So hat beispielsweise der Schwermetallgehalt (Quecksilber, Blei) der Industrieabwässer im vorigen Jahrhundert um mehr als das Hundertfache zugenommen. Besonders schädlich sind auch halogenisierte Kohlenwasserstoffe und viele Abwässer der Chlorchemie.

Die meisten Schadstoffe werden in natürlichen Gewässern durch physikalische, chemische und insbesondere durch biologische Prozesse relativ schnell abgebaut. Kleinstlebewesen eliminieren vor allem die organischen Verbindungen. Aber das Reinigungsvermögen eines Gewässers ist nicht unbegrenzt. Je mehr die Stoffeinträge zunehmen, desto mehr wird der Kreislauf des Lebens im Wasser, das Entstehen und Vergehen von Lebewesen und ihre komplexen Wechselbeziehungen untereinander gestört, desto mehr Arten sterben ab, bis schließlich der Kreislauf der Natur zum Stillstand kommt. Gibt es jedoch in einem Gewässer kein Leben mehr, findet auch kein biologischer Abbau von Laststoffen mehr statt. Deshalb müssen Abwässer vor der Einleitung in ein Fließgewässer in Kläranlagen so weit gereinigt werden, dass das natürliche Selbstreinigungsvermögen des Gewässers nicht überfordert wird.

1.4.3 Luftverunreinigungen

Schließlich sind es vor allem die Luftverunreinigungen, die unsere Städte immer „unwirtlicher" (Mitscherlich) machen. Dabei ist nicht nur an stoffliche Emissionen zu denken, die in fester Form als Staub oder Rauch oder als Gas, z. B. SO_2, CO_2, in die Luft gelangen. Dazu zählen auch nichtstoffliche Luftbelastungen wie Lärm, Wärme („Thermische Umweltverschmutzung"), Radioaktivität oder elektromagnetische Strahlungen („Elektronischer Smog"). Der größte Teil der stofflichen Emissionen entsteht bei der Verbrennung der fossilen Energieträger Kohle, Erdöl und Erdgas und davon wiederum, wie schon dargestellt, rund zwei Drittel in Heizungen und Fahrzeugmotoren. Die in den Abgasen enthaltenen Schadstoffe nehmen in der Atmosphäre beständig zu, nicht nur über den Städten, sondern in ganz Deutschland und weltweit bis in die entlegensten Regionen der Erde.

Die vielfältigen Folgen dieser Verunreinigungen sind inzwischen kaum noch zu überschauen; zum Beispiel für die Menschen: Zunahme von Atemwegserkrankungen wie Asthma um 1.000 % in wenigen Jahrzehnten, verursacht vor allem durch Staub und Russ in der Luft (Dieselmotoren ohne Russfilter). Oder Folgen für die Natur: So ist das „Waldsterben" nach heutigem Kenntnisstand zwar auf das komplexe Zusammenwirken mehrerer Faktoren, vor allem aber auf Stickoxide (NO_X) aus Schornsteinen und Auspuffrohren zurückzuführen. Schließlich Folgen für die gebaute Umwelt: Baudenkmäler, die Jahrhunderte unbeschadet überstanden haben, zerfallen in wenigen Jahren unter dem sauren Regen zu Staub, der durch die Anreicherung von Schwefeldioxid (SO_2) in der Atmosphäre entsteht. Aufgrund zahlloser Untersuchungen sind heute alle wesentlichen Schadstoffe in den Verbrennungsabgasen fossiler Energieträger bekannt und ebenso, um ungefähr wie viel diese in welchem Zeitraum reduziert werden müssen, damit irreparable Schäden vermieden werden.

Diese Reduktionsziele lassen sich bei den Gebäudeheizungen, der mit Abstand größten Einzelquelle aller Luftverunreinigungen, mit der Brennwerttechnik erreichen, welche die Abgase nachverbrennt. Dadurch werden nicht nur die Schadstoffe im Abgas im Durchschnitt um 90 % vermindert, sondern auch noch Heizenergie eingespart. Bei Neubauten sollten daher nur noch Brennwertheizungen eingeplant werden. Auch in den meisten Altbauten ist bei einer anstehenden Heizungserneuerung der Ersatz eines konventionellen Kessels durch eine Brennwertheizung zu empfehlen. Die Durchsetzung der Brennwerttechnik bleibt jedoch in Deutschland weit hinter den Möglichkeiten zurück, im Gegensatz etwa zu den Niederlanden. Der entscheidende Grund dafür ist die Bundesimmissionsschutzverordnung für Kleinfeuerungsanlagen (1. BImSchVO), die den Anteil der wichtigsten Schadstoffe im Abgas von Heizungen zwar begrenzt, aber mit Rücksicht auf die Interessen der Heizungsbauer so wenig, dass die zulässigen Höchstwerte auch von konventionellen Heizungsanlagen eingehalten werden können. Zur Durchsetzung der Brennwerttechnik trägt das kaum bei.

Auch bei den Verkehrsemissionen, der zweiten bedeutenden Quelle von Luftverunreinigungen, lassen sich die o. g. Reduktionsziele grundsätzlich erreichen, wenn alle Fahrzeuge, die einen Verbrennungsmotor besitzen, mit Abgasreinigungsanlagen („Katalysatoren") ausgerüstet werden, die den in USA für Pkw geltenden Vorschriften entsprechen. Bisher am erfolgreichsten war in der Europäischen Union die Durchsetzung des Katalysators für Pkw. Aber auch das geschah erst mit rund 10 Jahren Verspätung gegenüber den USA. Zudem sind die Anforderungen nach „Euronorm" bis heute weniger streng als in Amerika. Für Lkw, Busse, Diesellokomotiven oder Flugzeuge ist dagegen die Abgasreinigung bislang nicht vorgeschrieben, obwohl sie über 40 % aller Verkehrsemissionen erzeugen, mit steigender Tendenz. Da ferner der Wirkungsgrad von Katalysatoren bei höheren Geschwindigkeiten abnimmt, kann auch eine Geschwindigkeitsbegrenzung spürbar zu einer Senkung der Abgase beitragen. Bei einem Tempolimit von 120 km/h auf Autobahnen beispielsweise würden die Emissionen dort nach fachkundiger Einschätzung um etwa 12 % zurückgehen. Weil es dieses Tempolimit im Gegensatz zu fast allen vergleichbaren Ländern weltweit in Deutschland nicht gibt, werden auch bei den Verkehrsemissionen die Möglichkeiten zu ihrer Reduzierung bei weitem nicht ausgeschöpft.

1.4.4   Zusammenfassung

Dasselbe gilt auch für alle anderen Schadstoffemittenten. Generell lassen sich die o. a. Reduktionsziele mit den vorhandenen technischen Mitteln erreichen, bis auf eine wesentliche Ausnahme: Kohlendioxid (CO_2), das bei der Verbrennung fossiler Energieträger stets in großen Mengen entsteht, kann durch Rauchgasfilter oder Kfz-Katalysatoren nicht zurückgehalten werden. Die CO_2-Konzentration in der Atmosphäre nimmt daher beständig zu. Das hat Auswirkungen auf das globale Klima. Die Durchschnittstemperaturen steigen weltweit so schnell und so stark wie seit vielen Millionen Jahren nicht mehr. Gletscher verschwinden, der Nordpol wird eisfrei. In trockenen Regionen bleibt der Regen aus. Wirbelstürme, Unwetter und Erdrutsche werden immer häufiger. Fachleute warnen, dass bei weiter ungebremster Anreicherung von Kohlendioxid in der Atmosphäre die Meeresspiegel bis 2100 um 7 m steigen könnten. Hamburg, Bremen und große Teile der norddeutschen Tiefebene würden im Meer versinken. Das ist noch nicht alles: Wahrscheinlich werden durch die starke Erwärmung der Erde „Kippschalter" im planetaren Klimasystem

(Schellnhuber, Klimainstitut Potsdam) aktiviert, zum Beispiel Rückgang der CO_2-Absorption der wärmeren Weltmeere oder ein Kollaps des Golfstroms. Im schlimmsten Fall drohen mittels sich selbst verstärkender Prozesse sogar ein Meeresspiegelanstieg im 50 m-Bereich und eine Aufheizung der Erde um mehr als 10 °C. Bisher waren die meisten vom Menschen verursachten Umweltprobleme noch räumlich begrenzt und mit technischen Maßnahmen auf lokaler bis nationaler Ebene beherrschbar. Nun aber könnten erstmals die natürlichen Lebensgrundlagen auf dem ganzen Planeten gefährdet sein.

Die Gefahr wurde schon früh erkannt. Bereits 1992 einigten sich die Völker der Erde auf der UN-Umweltkonferenz in Rio de Janeiro im Grundsatz darauf, dass die CO_2-Emissionen auf ein Niveau begrenzt werden müssen, auf dem eine gefährliche Störung des Klimasystems vermieden wird. Inzwischen wird allgemein ein Anstieg der globalen Durchschnittstemperatur um 2 °C als gerade noch hinnehmbar angesehen. Das bedeutet, dass die weltweiten CO_2-Emissionen 2050 nur noch halb so groß sein dürfen wie 1990. Inzwischen wurde auf 16 Weltklimakonferenzen gerungen um die Frage, wer seine Emissionen um wie viel reduzieren muss. In Kyoto stimmte schließlich eine Mehrheit der Nationen einem Kompromiss zu. Aber die USA, der bis 2010 bei weitem größte Emittent, hat das Kyoto-Protokoll bis heute nicht ratifiziert und seinen CO_2-Ausstoß weiter erhöht. Die Emissionen von China übertreffen inzwischen selbst die der USA und sind seit 1992 sogar mehrfach stärker gewachsen als die der gesamten EU nach dem Kyoto-Beschluss abnehmen sollen. Kein Industrieland wird soweit heute absehbar sein in Kyoto gegebenes Versprechen einhalten können. Soll das 2°-Ziel in Reichweite bleiben, müssten die heutigen CO_2-Emissionen daher bis 2050 sogar um zwei Drittel gesenkt werden. Außerdem gilt der Klimavertrag von Kyoto nur bis 2012, und eine Verlängerung erscheint zur Zeit – nach dem Misserfolg der vorletzten Klimakonferenz in Kopenhagen – schwer vorstellbar.

Auch Deutschland hat sich in Kyoto verpflichtet, die CO_2-Erzeugung bis zum Jahr 2005 um 30 % und bis 2050 um 80 % gegenüber dem Stand von 1987 zu senken. Selbst wenn man nicht berücksichtigt, dass inzwischen eine Verschärfung der Reduktionsziele von Kyoto erforderlich wäre, das 1. Teilziel für 2005 wurde bereits klar verfehlt. Zwar ist der CO_2-Ausstoß nach 1989 wegen des weitgehenden Zusammenbruchs der Industrie in Ostdeutschland insgesamt gesunken, jedoch nicht im Bau- und Verkehrssektor. Hier lässt sich das angestrebte Reduktionsziel nicht erreichen, solange der Energieverbrauch wegen der geschilderten Auflösung der Städte und der Zunahme des Individualverkehrs zu Lasten der anderen Verkehrsmittel immer weiter wächst. Oder noch deutlicher: Alle in Abschn. 1.3 dargestellten Energiesparmaßnahmen sind sicher notwendig und dringend geboten, aber ebenso sicher ist, dass sie nicht mehr ausreichen, eine gefährliche Störung des globalen Klimas zu vermeiden. Die weltweite Klimaerwärmung hat sich bereits so sehr beschleunigt, dass der allgemein als gerade noch hinnehmbar bezeichnete Temperaturanstieg um nur 2 °C so gut wie sicher in den nächsten Jahrzehnten nicht mehr eingehalten werden kann. Der Klimaschutz ist daher der wichtigste Grund, den Trend zur Auflockerung und Entmischung aller Städte so schnell wie möglich zu beenden. Aber wie? Das ist das Thema dieses Buches.

Die Grundregel

2

2.1 Der Umgang mit vorhandenen Städten

2.1.1 Allgemeines

Aus Kap. 1 folgt als Grundregel, vor allem die vorhandenen Städte möglichst zu erhalten. Ihre oft in Jahrhunderten gewachsene, lebendige Dichte und Nutzungsmischung ist in unserer Zeit mit neuen Städten oder Neubaugebieten niemals zu erreichen. Jede weitere Ausdehnung sollte daher nach Möglichkeit vermieden werden. Vor der Ausweisung neuer Baugebiete, vor der Erweiterung der Siedlungsflächen nach außen sind zuerst die vorhandenen Stadtgebiete dem sich ständig wandelnden Bedarf anzupassen, kurz gesagt: Innenentwicklung kommt vor Außenentwicklung. Daraus ergibt sich beispielsweise für eine kleine bis mittlere Stadt im Einzelnen die folgende Prioritätenliste: In erster Linie ist der Ortskern zu entwickeln. Entwickeln bedeutet nicht nur Instandhaltung oder Instandsetzung der vorhandenen Gebäude, sondern schließt auch die Möglichkeit von Neubauten für neue Bedürfnisse mit ein. Zweitens sind die übrigen Baugebiete zu entwickeln, zum Beispiel Wohn- und Gewerbeflächen, die in den letzten Jahrzehnten entstanden sind. Besteht dann noch weiterer Baubedarf, sollten drittens größere innerstädtische Brachflächen wie stillgelegte Industrieanlagen oder Güterbahnhöfe umgenutzt werden; und nur wenn die Innenentwicklung nicht ausreicht, etwa um eine starke Baulandnachfrage zu befriedigen, ist viertens die Siedlungsfläche zu erweitern, aber nicht dadurch, dass man neue Siedlungskerne im Außenbereich schafft, sondern indem man Lücken zwischen vorhandenen Siedlungsgebieten schließt oder bestehende Baugebiete abrundet. Naturschutzgebiete, Biotopverbundflächen und sonstige Flächen mit schützenswerter Natur schließlich dürfen in keinem Fall überplant werden, s. Kap. 1.2. Ebenso wie jede Ausdehnung der Siedlungsflächen ist ferner jede weitere Entmischung der baulichen Nutzung möglichst zu vermeiden, zum Beispiel die Entvölkerung der Innenstädte oder die Auslagerung des Gewerbes in Gewerbegebiete und Einkaufszentren am Stadtrand.

Die Erhaltung der Dichte und Nutzungsmischung aller Städte dient zum einen der Bewahrung der Urbanität. Zwar können viele, besonders junge Leute, auch Architekturstu-

J. Meyer, *Nachhaltige Stadt- und Verkehrsplanung*, DOI 10.1007/978-3-8348-2411-0_2,
© Vieweg+Teubner Verlag | Springer Fachmedien Wiesbaden 2013

denten, die doch schon bald maßgeblich für die Entwicklung unserer Städte verantwortlich sein werden, mit dem gefühlsbetonten Begriff Heimat nur noch wenig anfangen. Aber
die Mehrheit der Bevölkerung wünscht sich doch einen Ort, wo man sich zu Hause fühlt,
mit dem man gefühlsmäßig verbunden ist. Andere stimmen dem Argument zu, dass es
aus ökologischen Gründen dringend erforderlich ist, den Prozess der Auflösung und Entmischung unserer Städte zu beenden. Der bisher scheinbar unaufhaltsam fortschreiten-
de Verbrauch von Natur und Landschaft, Rohstoffen und Energie und die zunehmende
Belastung der Umwelt mit Abfällen und Schadstoffen stoßen, wie in Kap. 1 ausgeführt,
zunehmend an Grenzen. Wir sägen uns mit unserem Städtebau den Ast ab, auf dem wir
sitzen, und verbauen uns selbst – nicht erst unseren Kindern – die Zukunft. Insgesamt
wird daher vermutlich eine breite Mehrheit der Bevölkerung dem Grundsatz zustimmen,
zunächst die vorhandenen Städte zu entwickeln, bevor man neue Baugebiete oder gar neue
Städte plant. Wie jedoch mit den bestehenden Städten umgegangen werden soll, dazu gibt
es bis heute sehr unterschiedliche Meinungen; die Ansichten im Einzelnen:

2.1.2 Stadterneuerung

Le Corbusier hat den Umbau unserer Städte als Erster gefordert. Schon in den 20er Jahren des letzten Jahrhunderts machte er für Paris mehrere Vorschläge einer Verdichtung der
Stadtmitte statt endloser Vorstädte. So wollte er in einem Entwurf in die dichte vier- bis
sechs-geschossige Blockbebauung über 100 m breite Schneisen für kilometerlange, 20-ge-
schossige Wohnhochhäuser schlagen. In einem anderen Entwurf schlug er sogar vor, den
einmaligen und unersetzlichen Stadtteil Montmartre vollständig abzubrechen und durch 60
geschossige Hochhausriesen zu ersetzen. In den weiten leeren Räumen zwischen den Hochhäusern waren Autobahnen, Parkplätze, Schulen und extensive Sportanlagen vorgesehen.
Es war die Vision der Auflösung und Entmischung, die inzwischen alle Städte erfasst hat.

Niemand hat Le Corbusier damals verstanden. Er war seiner Zeit zu weit voraus. Zumindest hielt man seine Vorschläge für völlig unrealistisch. Als nach dem Zweiten Weltkrieg in den meisten Städten Deutschlands große Gebiete vollständig zerstört waren, sodass
ein Wiederaufbau nach einem neuen Konzept durchaus möglich gewesen wäre, hat man
die Chance zur Erneuerung im Allgemeinen zunächst nicht genutzt, sondern sich auf die
Restauration des Vorkriegszustandes beschränkt. Als aber in den folgenden Jahrzehnten in
Westdeutschland der Wohlstand wuchs, hat man das Versäumte kräftig nachgeholt. Aller-
orts wurden die kleinen Altstadthäuser abgebrochen, um viel größeren Wohn- und Büroge-
bäuden, Kaufhäusern und Parkflächen Platz zu machen, oder um die engen Altstadtgassen
und geschlossenen Stadtplätze zu Verkehrsstraßen und unmaßstäblichen Verkehrsknoten
aufzuweiten. Insgesamt ist so mehr Altbausubstanz zerstört und das Bild unserer historischen Städte nachhaltiger beschädigt worden als durch die Bomben des Zweiten Weltkriegs.
In Ostdeutschland dagegen hat nicht der Wohlstand, sondern das Gegenteil, die jahrzehn-
telange Vernachlässigung der Bausubstanz in allen Städten dazu geführt, dass schließlich
ganze Altstädte zum Sanierungsfall wurden. Also hat man viele von ihnen ganz oder teil-

weise abgebrochen und durch vermeintlich wirtschaftlichere Plattenbauten ersetzt. So hat sich auch im Bereich der früheren DDR das Bild vieler Städte von Grund auf verändert.

Der Umbau der meisten Städte ist gewiss notwendig gewesen, denn die Ansprüche und Bedürfnisse der Menschen ändern sich laufend. So hat die Bevölkerung in vielen Gemeinden stark zugenommen. Oft sind die Neubaugebiete daher heute vielfach größer als der Ort vor dem Zweiten Weltkrieg. Da musste das Herz, die Innenstadt, selbstverständlich mitwachsen. Oder das Straßennetz ist im Wesentlichen zu einer Zeit entstanden, als es noch keine Autos gab. Also musste es an den Individualverkehr angepasst werden. Trotzdem darf dabei nicht die vorhandene Stadt zerstört werden. Die urbane Dichte der Bebauung, die intensive Mischung der Nutzungen und das oft in Jahrhunderten gewachsene Ortsbild sollten dennoch erhalten bleiben. Man bezeichnet die Stadterneuerung häufig auch als Flächensanierung. Sanieren (sanus, latein. = heil, gesund) bedeutet gesund machen. Die Erneuerung ist deshalb keine Sanierung. Hier könnte man bestenfalls hinterher sagen: „Operation gelungen – Patient tot!"

2.1.3 Stadterhaltung

Bereits gegen Ende der 1950er Jahre kam erste Kritik an dem damals ziemlich unbekümmerten, letztlich zerstörerischen Umgang mit den trotz Krieg erhaltenen oder wieder aufgebauten Städten auf. Man entdeckte die Schönheit alter mitteleuropäischer Städte wieder neu. Insbesondere die Städte, deren Ursprünge bis ins Mittelalter oder gar in die Zeit des antiken römischen Reiches zurückreichen, aber auch die Residenzstädte der Renaissance, des Barock und späterer Zeiten stellen einen weltweit einmaligen Schatz gebauter Kleinode dar. Ihre Erhaltung oder die ihrer noch vorhandenen Reste erhielt nun absoluten Vorrang vor allen Nutzungsansprüchen. Das galt bald nicht nur für die Perlen unter den Städten, sondern fast genauso für jede andere Stadt und jedes Dorf: Ihre historische, oft in Jahrhunderten gewachsene Baustruktur, ihre lebendige Nutzungsmischung, ihre urbanen Räume bis hin zu den einzelnen Gebäuden, die von der besonderen Geschichte dieses Ortes zeugen, – alles erschien nun erhaltenswert.

Inzwischen gibt es in Deutschland unter Architekten und Planern eine starke Tendenz, jedes Gebäude, das älter als etwa 100 Jahre ist, erhalten zu wollen. Denkmalbehörden möchten am liebsten ganze Straßenzüge mit den sie umgebenden Bauten, ja selbst ganze Altbaugebiete mit vielen 1.000 Einwohnern unter Schutz stellen. Und nicht nur die Fachleute, auch Bürger und Medien haben die Schönheit alter Städte längst wieder entdeckt. Es ist schick geworden, in Altstadtvierteln mit ihrer urbanen Atmosphäre, in ehemaligen Fabriken und Lagergebäuden zu wohnen. Selbst wenn heute in vielen ostdeutschen Städten tausende Wohnungen leer stehen, finden gut renovierte Häuser in der Altstadt immer noch einen Käufer oder Mieter. Die Gründe sind meistens nicht Zuschüsse des Staates oder erweiterte steuerliche Abschreibungsmöglichkeiten für Baudenkmäler, sondern ein zunehmendes Unbehagen gegenüber der Gefühlskälte der modernen „Betonarchitektur" (M. Sack in DIE ZEIT).

Die Erhaltung unserer Städte und Dörfer ist gewiss richtig, nicht nur zur Bewahrung der Urbanität, worauf in der Diskussion bis heute zumeist hingewiesen wird, sondern auch aus ökologischen und – nicht zuletzt – ökonomischen Gründen. Aber es ist nicht alles erhaltenswert, nur weil es alt ist. Man kann nicht jedes ältere Gebäude, ja selbst große Altbaugebiete undifferenziert erhalten wollen, denn eine Stadt ist lebendig. Der soziale Wandel verlangt ihre ständige Fortentwicklung. Stadterhaltung darf daher Veränderungen nicht unmöglich machen, sonst wird die Stadt zum Museum. Museen aber müssen immer die absolute Ausnahme in einer lebendigen Stadt bleiben. Daher kann man wohl einige besonders erhaltenswerte Bauwerke erhalten. Auch die Erhaltung größerer Gebäudeensembles, etwa eines Schlosses, ist möglich. Das gilt selbst für ganze Straßen- und Platzräume, wenn sie insgesamt denkmalswert sind; Näheres s. u. 2.2–2.4. Aber auch wenn es in einer Stadt hunderte von erhaltenswerten Gebäuden gibt, muss die Anpassung an zeitgemäße Nutzungen und Bedürfnisse möglich sein. – Man bezeichnet die Stadterhaltung häufig auch als Sanierung oder Stadtreparatur. In beiden Begriffen kommt zum Ausdruck, dass Erhalten nicht nur die Instandhaltung von Gebäuden, sondern auch die Beseitigung von Mängeln bedeuten kann. So schließt auch der hier verwendete Begriff der Stadterhaltung den Fall der Sanierung oder Reparatur stets mit ein.

2.1.4 Historismus

Damit ist hier alles gemeint, was über die Erhaltung alter Gebäude, Stadträume oder ganzer Baugebiete hinausgeht. Da ist zunächst die Rekonstruktion völlig zerstörter Bauten. Das können baugeschichtlich oder stadtgeschichtlich besonders bedeutende einzelne Gebäude sein, wie die Frauenkirche in Dresden oder das Stadtschloss der Hohenzollern in Berlin-Mitte. Ebenso geht es über die Erhaltung alter Stadträume hinaus, wenn man einem Neubau die Kopie der Fassade eines im Zweiten Weltkrieg zerstörten Gebäudes vorblendet, Beispiel: der Leibnitzhausgiebel in Hannover, oder Neubauten mit historischer Fassade errichtet, wie die Alte Waage in Braunschweig. Schließlich ist die Rekonstruktion größerer, im Zweiten Weltkrieg zerstörter Ensembles zu nennen, etwa die Fuggerei in Augsburg. Alle diese Formen des Wiederaufbaus können ebenso wie die Grunderneuerung eines stark beschädigten Altbaus noch zu den Maßnahmen der Stadterhaltung gezählt werden.

Noch einen Schritt weiter geht, wer Altes nachmacht. Im Gegensatz zur Rekonstruktion von Gebäuden oder Fassaden, die an dem Ort wirklich einmal gestanden haben, wird hier die Illusion einer Vergangenheit erweckt, die nie existiert hat. Das können Gebäude sein, die Geschichte vortäuschen, indem der Architekt alte Bauformen und Konstruktionen wählt, zum Beispiel ein Fachwerkhaus in einem Neubaugebiet plant. Oder öffentliche Plätze, wie die Piazza d'Italia in New Orleans/USA von Charles Moore. Mitten zwischen Bürohochhäusern stehen da Säulen, ein römischer Triumphbogen und Repliken anderer antiker Bauwerke! Selbst ganze Baugebiete gibt es, die Geschichte vortäuschen sollen, wie Arcade du Lac am Rand von Paris, eine Großwohnanlage der 1960er Jahre, die von fern wie ein Schloss aussieht. Begründung des Architekten R. Bofil: Er wollte den Bewohnern das Gefühl geben, in einem Schloss zu wohnen.

Das alles hat nichts mehr mit Stadterhaltung zu tun. Erst recht ist abzulehnen, wenn hinter altertümelnden Fassaden Supermärkte oder Großgaragen mit weit gespannten Stahlbetondecken versteckt werden, sodass die Fassade überhaupt nicht zur Konstruktion des Gebäudes passt, oder wenn Fachwerkbauweise nur vorgetäuscht wird, indem man auf normal gemauerte und verputzte Wände dünne Bretter schraubt, die wie die Balken eines Fachwerks aussehen sollen. Wenn es nichts Altes zu erhalten gibt, sollte der Architekt zeitgemäß und zugleich der Örtlichkeit angepasst bauen und weder alte noch ortsfremde Formen und Konstruktionen nachmachen; mehr dazu s. u. 2.4.6.

2.1.5 Erhaltende Erneuerung

Bisher wurde festgestellt, dass beim Umgang mit vorhandenen Städten die Betonung weder einseitig auf der Erneuerung noch einseitig auf der Erhaltung liegen sollte. Beides zugleich aber ist anzustreben: das Erhaltenswerte erhalten und das andere bei Bedarf erneuern. Damit lautet die zentrale Frage: Was ist in einer konkreten Stadt erhaltenswert und was nicht? Die Amerikanerin Jane Jacobs hat mit ihrem bekannten, 1963 auch in deutscher Sprache erschienenen Buch „Tod und Leben großer amerikanischer Städte" maßgeblich zur Verbreitung dieser Ansicht beigetragen, indem sie unter anderem forderte, zur Erhaltung der Urbanität nicht in erster Linie Neubaugebiete zu planen, sondern die Neubauten in den Baulücken überwiegend bebauter Gebiete zu errichten. Erst die Mischung neuer und alter Gebäude, schreibt J. Jacobs, ermöglicht hohe und niedrige Mieten, gut gehende Geschäfte und Obdach für Mittellose und damit Vielfalt der Nutzungen und der Bewohner. Auf die Frage, wann ein Altbau eher zu erhalten oder eher zu erneuern ist, geht sie allerdings noch nicht ein.

Ferner ist zu unterscheiden zwischen der Erhaltenden Erneuerung ganzer Baugebiete, einzelner Stadträume und von Einzelgebäuden. In einer größeren Stadt beispielsweise kann die historische Altstadt insgesamt erhaltenswert sein, ein mehr oder weniger ungeplant entstandenes Neubaugebiet dagegen nicht. Oder in einem gewachsenen Ort sind der Marktplatz, der Kirchplatz noch alt und erhaltenswert, die übrigen Straßenräume, die nach den Zerstörungen im Zweiten Weltkrieg durch unmaßstäbliche Neubauten entstellt wurden, dagegen nicht mehr. Ebenso können einzelne alte Gebäude oder nur noch wenige Details eines Hauses, etwa ein Giebel oder die Haustür, erhaltenswert sein, andere aber nicht. Bei der Behandlung der Erhaltenden Erneuerung in den folgenden Abschn. 2.2–2.4 wird daher stark zu differenzieren sein. – Die Erhaltende Erneuerung wird oft auch als Stadtentwicklung bezeichnet. Da der Begriff nicht erkennen lässt, ob damit Stadterneuerung oder -erhaltung gemeint ist, wird er sowohl in dem einen wie dem anderen Sinn verwendet. Hier wird er deshalb als Oberbegriff für jede Form des Umgangs mit vorhandenen Städten, also Stadterneuerung, Stadterhaltung oder Erhaltende Erneuerung gebraucht. Stadtentwicklung kann sowohl die Sanierung eines Baudenkmals als auch die Schließung einer Baulücke durch einen Neubau sein.

Der Grundsatz „erhalten und erneuern" gilt ferner nicht nur in Bezug auf verschiedene Gebiete, Räume und Gebäude, in dem Sinne: das eine ist zu erhalten, das andere kann überplant werden. Auch bei der Erhaltung, etwa einer historischen Altstadt, gilt wieder:

erhalten und erneuern zugleich, denn trotz oder sogar wegen ihrer Erhaltung muss die Altstadt dem Wandel der Nutzungen angepasst werden, weil beispielsweise aus dem Zentrum einer Kleinstadt inzwischen das Touristenviertel einer Großstadt geworden ist. Zugleich sind die dafür notwendigen baulichen Veränderungen so zu begrenzen, dass das Charakteristische gerade dieser Altstadt nicht verloren geht. Ebenso ist bei der Erhaltung eines historischen Straßenraumes dem heutigen Individualverkehr Rechnung zu tragen. Andererseits sind die für den Verkehr erforderlichen Veränderungen so zu gestalten, dass das Besondere des Raums erhalten bleibt. Zumeist aber sind einzelne Gebäude zu erhalten. Auch hier muss, um die Unterhaltung zu sichern, die Nutzung heutigen Ansprüchen angepasst, oft auch, zum Beispiel bei einem ehemaligen Schloss, eine neue Nutzung gefunden werden. Andererseits sind die dafür notwendigen Umbauten, Anbauten und sonstigen Veränderungen so zu begrenzen, dass das Erhaltenswerte an dem Gebäude nicht verloren geht. Weil das zu Erhaltende bei jedem Baugebiet, Stadtraum oder einzelnen Gebäude neu zu definieren ist, muss auch die Frage der zulässigen Veränderungen ebenso differenziert beantwortet werden; Näheres in den folgenden Abschn. 2.2–2.4.

Der Grundsatz „erneuern und erhalten" gilt schließlich auch für jeden Neubau, der in ein überwiegend schon bebautes Gebiet eingefügt wird. Das Charakteristische, die besondere Eigenart der gebauten Umgebung ist in jedem Fall zu erhalten. Deshalb sollte sich ein Neubau in Art und Maß der Bebauung dem umgebenden Baugebiet anpassen. Auch in bestehende Räume, insbesondere in den Straßenraum, die Bauflucht, die Skyline, sollte sich ein Neubau einfügen. Schließlich ist er in Höhe und Breite des Baukörpers, in Fassadendetails wie Fenster- und Türöffnungen bis hin zu verwendeten Baumaterialien und Farben auf die Nachbargebäude abzustimmen, jedoch in unterschiedlichem Maße: Die Anpassung erscheint umso wichtiger, je erhaltenswürdiger die bauliche Umgebung ist. Da bei jedem Baugebiet, Stadtraum oder einzelnen Gebäude etwas anderes erhaltenswert ist und auch das Maß der Schutzwürdigkeit von Fall zu Fall erheblich differieren kann, muss auch die Frage der Anpassung an die gebaute Umgebung entsprechend differenziert beantwortet werden; Näheres auch hierzu in Abschn. 2.2–2.4. Wenn in einem größeren Baugebiet jeder Neubau gut angepasst wird, kann im Laufe längerer Zeit, etwa in einigen Jahrzehnten, das Gebiet weitgehend erneuert werden, ohne dass irgendwann ein spürbarer Bruch mit der Vergangenheit eintritt, weil jeder Neubau in eine weit überwiegende vorhandene Bebauung integriert wird. So ist selbst die Erhaltende Erneuerung einer ganzen Stadt möglich.

2.2   Der Umgang mit vorhandenen Baugebieten

2.2.1   Allgemeines

Ausgangspunkt bei der Erhaltenden Erneuerung ganzer Baugebiete ist stets die Frage, welche Gebiete insgesamt oder welche Einzelheiten in einem Gebiet, etwa einer historischen Altstadt, erhaltenswert sind. Die Frage ist in Deutschland durch Denkmalschutzgesetze der Bundesländer eingehend geregelt, so in Nordrhein-Westfalen durch das „Gesetz zum

Schutz und zur Pflege der Denkmäler". Da sich die Denkmalschutzgesetze der Länder im Grundsatz gleichen, wird in den folgenden Abschn. 2.2–2.4 nur auf die Regelung in NRW Bezug genommen. Danach besteht an der Erhaltung einer Sache oder einer Mehrheit von Sachen, und somit auch von Baugebieten, ein öffentliches Interesse, wenn diese von Bedeutung für die Geschichte der Stadt oder Siedlung sind. Das kann wohl auf die meisten älteren Baugebiete zutreffen. Aber auch Zeugen für die Entwicklung der Arbeits- und Produktionsverhältnisse können erhaltenswert sein, zum Beispiel stillgelegte Zechen, Stahlwerke oder Steinbrüche, oder Zeugnisse der Zeitgeschichte wie ehemalige Konzentrationslager im Dritten Reich.

Doch wann ist eine Sache geschichtlich bedeutend? Der Begriff erscheint äußerst dehnbar, ebenso wie die weitere Bestimmung, dass für die Erhaltung künstlerische, wissenschaftliche, städtebauliche oder andere Gründe vorliegen müssen. Die Beurteilung der Erhaltungswürdigkeit ist damit praktisch weitgehend in das Ermessen der Denkmalsbehörden gestellt. Auch haben sich die Ansichten der Denkmalschützer zu dieser Frage in den letzten 200 Jahren stark gewandelt. Am Anfang, um das Jahr 1800, hielt man nur Bauwerke aus der Antike für erhaltenswert, die ungefähr 2000 Jahre alt waren. Um 1900 schloss der Bewahrungswille schon die vielen Stadtgründungen des Mittelalters mit ein, sowie des 15.–17. Jahrhunderts, als zahlreiche Feudalherren in Deutschen Landen sich neue Residenzen schufen. Erst in den 1970er Jahren hat man schließlich das 19. Jahrhundert wiederentdeckt. Seither gelten Arbeitersiedlungen, großstädtische Mischgebiete und Fabriken aus der Gründerzeit, die noch in den sechziger Jahren achtlos abgebrochen wurden, als Denkmäler der Industriegeschichte. Und irgendwann wird auch das, was heute gebaut wird, wieder Geschichte geworden sein.

In größeren Städten gibt es in der Regel eine Reihe von Stadtteilen oder kleineren Gebieten, die erhaltenswert im Sinne der Denkmalschutzgesetze sind. Auch wandeln sich die Städte im Laufe der Zeit beständig. Sie sind zum Beispiel in der Vergangenheit oft durch Krieg oder Feuer zerstört worden. Daher ist häufig von der ursprünglichen Stadt wenig übrig geblieben, vielleicht nur noch ein Ensemble, oder sogar nur noch die frühere Dichte der Bebauung und die intensive Mischung der Nutzungen, wie bei den Stadtkernen, die im Zweiten Weltkrieg durch Flächenbombardements vollständig zerstört und später wieder aufgebaut worden sind. So wurde in vielen Städten und Dörfern zwar das frühere Ortsbild mehr oder weniger wiederhergestellt, aber die Bebauung besteht (fast) zu 100 % aus Neubauten. Oder, um ein weiteres Beispiel zu nennen, von dem ursprünglichen Ortsrand, der die dicht bebaute Stadt von der unbebauten Umgebung trennte, ist vielleicht nur noch ein Stück Stadtmauer oder ein Tor vorhanden, oder die frühere Stadtgrenze ist sogar nur noch an deutlichen Unterschieden in Art und Maß der Bebauung zwischen benachbarten Baugebieten ablesbar. Das alles kann erhaltenswert im Sinne der Denkmalschutzgesetze sein.

Dasselbe gilt schließlich für die landschaftliche Lage einer Stadt. Manche historischen Städte liegen hoch auf einem Berg mit steil abfallenden Felswänden, wie die Altstadt von Bern oder Bergamo, andere dagegen in einem Tal oder am Fuße eines Berges, sodass man von den Höhen auf die Dächer der Stadt hinunter blickt, wie in Prag oder Graz. Wieder andere sind an einem Fluss, einem Binnensee oder in einer Meeresbucht gelegen, manche sogar fast allseitig von Wasser umgeben, zum Beispiel Lübeck oder Dubrovnik, und bieten einzigartige Stadtansichten vom Wasser her. Aber auch wenn die landschaftliche Lage einer Stadt nichts Besonderes darstellt und der Ort auf keiner Seite eine bemerkenswerte Ansicht bietet, enthält er doch vielleicht Friedhofs- oder Parkanlagen, die ebenfalls nach den Denkmalschutzgesetzen erhaltenswert sein können. Ein Schlosspark beispielsweise ist oft ebenso kunst- oder stadtgeschichtlich bedeutsam wie die dazugehörende Schlossanlage, und wo findet man mehr Erinnerung an die Geschichte der Menschen einer Stadt als auf dem Friedhof?

2.2.2 Verfahren, Beispiele

Nachdem man festgestellt hat, welche Bauflächen oder Grünanlagen zu erhalten sind, wie geht man weiter vor? Das Verfahren ist ebenfalls durch die Denkmalschutzgesetze der Länder geregelt. Erhaltenswerte Baugebiete werden durch eine Satzung (= Ortsgesetz, Beschluss des Gemeinderates) als Denkmalbereich unter Schutz gestellt. Denkmalbereiche können ganze Stadtteile, Viertel, kleinere Gebäudeensembles bis hin zu Gehöftgruppen außerhalb zusammenhängend bebauter Stadtgebiete sein. Dabei ist durch Text, Pläne, Fotografien oder photogrammetrische Darstellungsformen anzugeben, was erhalten werden soll, beispielsweise der Stadtgrundriss, die Vielfalt der Nutzungen oder besser genauer: welche einzeln aufgezählten Nutzungen zu bewahren sind, ferner Stadtansichten und -silhouetten, aus der Umgebung oder von oben gesehen, falls der Ort am Fuß eines Berges liegt, mit genauer Bezeichnung des Standortes und der Blickrichtung des Betrachters. Jede beabsichtigte Baumaßnahme im Denkmalbereich und jede Nutzungsänderung bedarf außer den generell nach Landesbauordnung erforderlichen Genehmigungen zusätzlich der Erlaubnis der Unteren Denkmalbehörde. Diese Erlaubnis wird nur erteilt, wenn die in der Satzung als denkmalwürdig bezeichneten Einzelheiten erhalten bleiben oder berücksichtigt werden.

Die Folge ist also nicht, dass im Denkmalbereich alles so bleiben muss, wie es ist. Es darf verändert, es darf neu gebaut werden. Damit wird dem ständigen Wandel in einer lebendigen Stadt Rechnung getragen. Wenn ein Eigentümer ein Gebäude abbrechen und durch einen Neubau ersetzen möchte, die Stadt aber der Ansicht ist, dass das vorhandene Gebäude aus stadtgeschichtlichen, städtebaulichen oder anderen Gründen erhalten bleiben sollte, so muss sie den Altbau zusätzlich als Baudenkmal schützen; Näheres dazu in Abschn. 2.4. Das kommt in den meisten Denkmalbereichen vor. So kann beispielsweise der historische Kern eines kleineren Ortes insgesamt einen Denkmalbereich bilden. Aber es gibt darin einige Gebäude (die Kirche, das Rathaus, die ältesten noch erhaltenen Bürgerhäuser usw.), die als Baudenkmäler weitergehend geschützt sind. Näheres zur Erhaltung von Grünanlagen in Abschn. 2.3.2.

Abschließend konkrete Beispiele zur Einfügung von Neubauten in Denkmalbereiche; 1. Fall: Angenommen, eine Stadt hat die Ansicht aus einer bestimmten Richtung, etwa von einer Zufahrtsstraße aus betrachtet, unter Schutz gestellt. Dann darf die Blickrichtung nicht durch Neubauten verstellt werden. Das bedeutet nicht, dass im Vorfeld der Stadtansicht gar keine Bebauung mehr möglich wäre. Aber erwünschte Neubauten könnten beispielsweise Zeilen parallel zur Blickrichtung bilden, sodass der Blick auf die Stadt frei bleibt. Auch kann man eine schöne Stadtansicht dadurch zerstören, dass vor der Altstadtkulisse zum Beispiel aus kleinmaßstäblichen Fachwerkhäusern mit Steildach sechsgeschossige Plattenbauten von bis zu 50 m Länge und mit Flachdach errichtet werden.

2. Fall: Die Silhouette einer Stadt ist denkmalgeschützt. Man denke etwa an die berühmte Skyline von Lübeck mit ihren sieben ganz verschiedenen Türmen. Dann darf die Silhouette nicht durch Hochhäuser im Stadtkern beeinträchtigt werden, die selbst die Spitzen der schlanken Kirchtürme noch überragen, auch nicht durch große Baukörper mit Flachdächern, die das filigrane Auf und Ab der steilen Altstadtdächer zudecken. Oder wenn – 3. Fall – eine Stadt von oben, etwa von einem nahe gelegenen Berg oder von einer Burg aus, einen denkmalgeschützten Anblick bietet, sind Dachform und Dachneigung der Neubauten sowie Material und Farbe der Dachdeckung dem Bestand anzupassen; mehr dazu in Abschn. 2.4.

2.2.3   Art der Nutzung

Ein weiterer wichtiger Aspekt, der bei der Errichtung von Neubauten in denkmalgeschützten Baugebieten regelmäßig bedacht werden muss, ist die Nutzung der Gebäude. Wie schon dargestellt, soll zur Bewahrung der Urbanität die vorhandene Mischung der Nutzungen möglichst erhalten bleiben. Daher ist es am besten, wenn ein Neubau ebenso genutzt wird wie der Altbau, den er ersetzt, oder wenn ein entsprechender Altbau fehlt, wie die vorhandenen Gebäude in der unmittelbaren Umgebung, wenn also beispielsweise an die Stelle eines früheren Wohnhauses wieder ein Wohngebäude tritt. Ebenso ist bei allen vorhandenen Gebäuden im Denkmalbereich jede Nutzungsänderung möglichst zu vermeiden und bedarf daher der Erlaubnis der Denkmalbehörde. Andererseits erfordert der ständige Wandel in einer lebendigen Stadt neue Nutzungen. Dazu wieder ein Beispiel: Handelt es sich bei dem Denkmalbereich um die Mitte einer Stadt, so besteht allgemein die Tendenz, dass gewerbliche Nutzungen über hohe Immobilienpreise die Wohnnutzung verdrängen. Hier sollte die Denkmalbehörde nur so viele Büro- und Geschäftsflächen zulassen, dass die Innenstadt nicht entvölkert wird oder, wo diese Entwicklung bereits eingetreten ist, die Bevölkerung wieder auf ein früher einmal vorhandenes Niveau angehoben wird.

Auch in anderen als denkmalgeschützten Baugebieten ist die Art der Nutzung bei Neubauten und Umbauten vorhandener Gebäude eingeschränkt. Regelmäßig gibt es einen rechtskräftigen Flächennutzungsplan. Darin sind gemäß Baunutzungsverordnung alle Bauflächen einzuteilen in Wohnbauflächen (W), gewerbliche Bauflächen (G), gemischte Bauflächen (M), wobei nur die Mischung von W und G gemeint ist, oder Sonderbauflächen (S) für alle sonstigen baulichen Nutzungen. Jede Baufläche in der Stadt muss einer dieser vier Arten zugeordnet werden. Existiert ferner für das Grundstück des Bauvorhabens ein Bebauungsplan, so werden darin gemäß Baunutzungsverordnung alle Bauflächen nach der Art ihrer Nutzung weiter differenziert in Baugebiete. Die Wohnbauflächen beispielsweise sind unterteilt in Kleinsiedlungsgebiete (WS), Reine Wohngebiete (WR), Allgemeine Wohngebiete (WA), in denen außer Wohngebäuden auch gewerbliche und nichtgewerbliche, nicht störende Wohnfolgeeinrichtungen wie Nahversorgungsläden oder Kindergärten zulässig sind, und Besondere Wohngebiete (WB) wie alte Stadtkerne mit ihrer historisch gewachsenen, starken Mischung der Nutzungen. Ähnlich werden auch die anderen Bauflächen weiter unterteilt.

Gibt es für ein Bauvorhaben keinen gültigen Bebauungsplan, so ist festzustellen, welcher Gebietsart nach Baunutzungsverordnung die vorhandene Bebauung in der Umgebung des Vorhabens entspricht; § 34 BauGB. Für jede Gebietsart und damit für jedes Bauvorhaben lässt die Baunutzungsverordnung nur eine mehr oder minder begrenzte Zahl von Nutzungen zu, in vielen Fällen auch nur eine einzige, zum Beispiel nur Wohnhäuser in Reinen Wohngebieten. Andererseits ist die Regelung durch zahlreiche Ausnahmen und Befreiungen sowie durch die Möglichkeit, dass die Gemeinden viele Vorschriften der Baunutzungsverordnung im Bebauungsplan abändern dürfen, extrem kompliziert und kaum noch überschaubar. Außerdem lässt sich so zwar ein Störbetrieb oder eine Tankstelle in einem Wohngebiet verhindern, aber nicht die Entmischung der Stadt aufhalten. Das ist nur in Denkmalbereichen in begrenztem Maße möglich.

2.2.4 Parzellenstruktur

Ein letzter Aspekt bei der Planung von Neubauten in Denkmalbereichen ist, dass die Parzellenstruktur möglichst erhalten bleibt. Die durchschnittliche Grundstücksgröße in älteren Baugebieten zumindest kleinerer Städte ist zumeist sehr gering. Sie beträgt überwiegend zwischen 100 und 200 m². Die Kleinteiligkeit der Grundstücke zu erhalten ist wichtig, damit jeder bei Bedarf sein Haus ändern, abbrechen und erneuern kann, ohne von den Nachbarn abhängig zu sein. Nur so ist die Erhaltende Erneuerung des ganzen Ortskerns im Laufe der Zeit möglich. Noch kleiner als die Grundstücke sind die Gebäudegrundflächen, da regelmäßig Teile des Grundstücks als Hof- und Gartenfläche unbebaut bleiben. Deshalb besitzen in älteren Baugebieten oft viele Häuser weniger als 100 m² Grundfläche.

Das reicht für Neubauten in unserer Zeit oft oder sogar meistens nicht aus. Schon ein kleines Mehrfamilienhaus, etwa ein Zweispänner, benötigt rund 200 m² Grundfläche. Hier kann eine Lösung darin bestehen, für den Neubau zwei Grundstücke zusammenzulegen. Aber schon ein Selbstbedienungsladen für Lebensmittel braucht einschließlich der Konstruktionsfläche über 1.000 m² GF. Auch hier lässt sich eine größere Zahl von Grundstücken zusammenfassen, vielleicht ein kleiner Straßenblock. Die erhaltenswerten Gebäude bleiben bestehen und werden umgenutzt, die anderen werden erneuert. Die Hoffläche hinter den alten und neuen Häusern wird überdacht – oder auch nicht – und dient als Verkaufsfläche, Restaurant oder öffentlicher Treffpunkt. Es gibt in Europa von Finnland bis Spanien zahlreiche Altstadt-Einkaufszentren in dieser Art, deren Attraktivität regelmäßig die der üblichen Verbrauchermärkte mit ihrer Schuhkartonarchitektur weit übertrifft. Ebenso lassen sich mehrere vorhandene oder neue Gebäude zu einem Hotel, einem Restaurant oder einem Dienstleistungszentrum (Bankfiliale, Reisebüro etc.) zusammenfügen. Daher sollte die Denkmalbehörde Bauvorhaben mit größerem Grundflächenbedarf als bisher im Denkmalbereich üblich nur zulassen, wenn sie in einzelne Baukörper gegliedert werden, die sich in der Größe der Grundfläche der vorhandenen Umgebung anpassen.

In anderen Baugebieten, die nicht unter Denkmalschutz stehen, ist zwar nicht die Grundstücksgröße, dafür aber die überbaubare Grundstücksfläche begrenzt. Auf jedem Grundstück soll aus ökologischen Gründen ein Teil unversiegelt bleiben, der nach Baunutzungsverordnung durch die Grundflächenzahl festgelegt wird, wie bereits in Abschn. 1.2.1 dargestellt. Besteht für ein Bauvorhaben ein Bebauungsplan, ist darin stets eine Grundflächenzahl angegeben. Ist die GRZ im Bebauungsplan niedriger als nach Baunutzungsverordnung zulässig, gilt der niedrigere Wert. Von dieser Vorschrift gibt es jedoch umfangreiche Ausnahmen. So darf in Gebieten, die am 1. Aug. 1962 überwiegend bebaut waren, – trifft auf Denkmalbereiche immer zu –, die Grundflächenzahl überschritten werden, wenn städtebauliche Gründe dies erfordern. Denkmalschutz ist gewiss ein ausreichender städtebaulicher Grund. In Denkmalbereichen braucht daher die Obergrenze der Grundflächenzahl regelmäßig nicht eingehalten zu werden. Das ist auch meistens wegen der in älteren Baugebieten üblichen hohen Dichte gar nicht möglich. Aber auch für nicht denkmalgeschützte Bereiche sowie für Gebiete, die erst nach dem 1. Aug. 1962 bebaut wurden, lässt die Baunutzungsverordnung sehr allgemein formulierte Ausnahmen zu, die eine Anwendung der GRZ-Regeln weitgehend in das Ermessen der Baubehörden stellen; s. § 17 BauNVO.

2.3   Der Umgang mit vorhandenen Stadträumen

2.3.1   Allgemeines

Nach den Gebieten folgt als Nächstes die Erhaltende Erneuerung einzelner Räume. Ausgangspunkt ist auch hier wieder die Frage, welche Straßen- und Platzräume insgesamt oder welche Einzelheiten in ihnen erhaltenswert sind. Die Antwort der Denkmalschutzgesetze lautet wie im letzten Abschnitt: An ihrer Erhaltung besteht ein öffentliches Interesse, wenn die Räume von Bedeutung für die Geschichte der Stadt oder Siedlung sind und künstlerische, wissenschaftliche, städtebauliche oder andere Gründe vorliegen. Diese Formulierung ist jedoch, wie schon gesagt, so wenig konkret, dass die Beurteilung der Erhaltenswürdigkeit damit weitgehend in das Ermessen der Denkmalbehörden gestellt ist. Die Ansichten der Denkmalämter aber haben sich im Laufe der letzten 100 Jahre stark gewandelt.

Heute gelten unbestritten als erhaltenswert die abwechslungsreichen Netze aus engen Gassen und weiteren Plätzen, schmalen Durchgängen zwischen den Häusern, die in verwinkelte Höfe führen mit kleinen Läden oder Gaststätten, in den Altstädten, die bis ins Mittelalter oder sogar, wie in Köln oder Aachen, bis in die Zeit der Besetzung Germaniens durch die Römer zurückreichen. Dasselbe gilt ferner auch für die streng geometrischen Straßennetze in den Stadtgründungen des Absolutismus, beispielsweise regelmäßige Rasternetze oder, wie in Karlsruhe, wo die Straßen von dem Schloss des Landesherrn im

Mittelpunkt der Stadt sternförmig in alle Richtungen ausgehen. Im 19. Jahrhundert als Nächstes waren Straßen und Plätze zumeist keine bewusst gestalteten Räume mehr, sondern banale Verkehrswege und -kreuzungen. Aber es gab Ausnahmen, zum Beispiel den Haussmannplan in Paris von 1850 oder den Hobrechtplan für Berlin (1858–1862). Diese Planungen gelten heute ebenfalls unstreitig als erhaltenswürdig. Dasselbe gilt schließlich nicht nur für große Städte, sondern auch für zahllose Kleinstädte und Dörfer.

Städte wurden in der Vergangenheit immer wieder durch Feuer oder Kriege zerstört und wieder aufgebaut, zuletzt im Zweiten Weltkrieg und in der Zeit danach. Daher ist in vielen älteren Städten von dem ursprünglichen räumlichen Gefüge oft nur noch wenig erhalten geblieben, vielleicht ein kleines Stück der Altstadt, aus wenigen kurzen Straßenabschnitten bestehend, oder ein historischer Marktplatz aus dem Mittelalter. Marktplätze wurden damals von Straßen nur tangiert, nicht durchschnitten, Straßeneinmündungen lagen demnach in den Ecken des Raumes und feste Einbauten, etwa ein Brunnen, standen am Rand des Platzes, um den Marktbetrieb nicht unnötig zu behindern. Oder der Schlossplatz in einer Stadtgründung des Absolutismus ist noch vorhanden. Er ist streng axialsymmetrisch angelegt. Die Mittelachse wird durch die Einmündung der Hauptstraße und durch das Portal des symmetrischen Schlosses betont. Auch die Fassaden der Raumwände sind axialsymmetrisch. Ein Reiterstandbild des Landesherrn steht auf der Platzmitte. Die beiden Beispiele, ein Platz aus dem Mittelalter und aus der Renaissancezeit, unterscheiden sich also in vielen Einzelheiten. Die Erhaltung der Plätze schließt selbstverständlich die Bewahrung aller genannten Details mit ein.

Schließlich kann auch die natürliche Umgebung für die Stadt charakteristische und besonders erhaltenswerte Räume ergeben. Eine Siedlung auf einem Berg oder an einem Steilhang beispielsweise besitzt vielleicht Höhenwege mit Ausblick auf die Stadt oder in die Landschaft, oder die einzelnen Häuser sind von der Straße nur über Treppen erreichbar. In manchen Orten gibt es anstelle von untergeordneten Straßen nur öffentliche Treppen, oder selbst die Mittelachse mit gewerblichen und öffentlichen Einrichtungen wie Kirche und Gemeindeverwaltung besteht aus einer großen Treppenanlage. Oder die Stadt ist im Tal und an einem Fluss, einem See oder am Meer gelegen. Hier sind Uferpromenaden, Brücken über den Fluss oder Kanäle und Grachten in der Stadt, wie in Venedig und Amsterdam, regelmäßig besonders erhaltenswert. Aber auch wenn die landschaftliche Lage einer Stadt nichts Besonderes darstellt, können doch zum Beispiel Straßenbäume oder große Vorgärten, die den Wohncharakter einer Straße ausmachen, bewahrenswert sein.

2.3.2 Verfahren

Nachdem man festgestellt hat, welche Räume insgesamt oder welche Einzelheiten darin erhaltenswert sind, ist das weitere Vorgehen wieder durch die Denkmalschutzgesetze der Länder geregelt. Die zu erhaltenden Räume werden als Denkmalbereich unter Schutz gestellt. Denkmalbereich können die Straßennetze ganzer Stadtteile oder -viertel sein, aber auch einzelne Straßenabschnitte oder Plätze. Dabei ist durch Pläne, Text, Photografien

oder photogrammetrische Darstellungen anzugeben, was erhalten werden soll, beispielsweise der Grundriss der Räume einschließlich der Einzelheiten wie Einbauten (Brunnen,
Denkmal...), Straßenbäume oder Vorgärten, ferner die Höhe oder die Skyline der den
Raum begrenzenden Bebauung sowie die Geschlossenheit der Raumwände. Jede beabsichtigte Veränderung im Denkmalbereich, bis hin zur Erneuerung der Fahrbahndecke, bedarf
außer den generell nach Landesbauordnung erforderlichen Genehmigungen zusätzlich der
Erlaubnis der unteren Denkmalbehörde, die nur erteilt wird, wenn die in der Satzung als
denkmalswürdig bezeichneten Einzelheiten erhalten bleiben oder berücksichtigt werden.

Die Folge ist also auch hier nicht, dass im Denkmalbereich alles so bleiben muss, wie
es bisher war. Veränderungen sind zulässig, um dem ständigen Wandel der Bedürfnisse,
beispielsweise der starken Zunahme des Individualverkehrs, Rechnung tragen zu können.
Auch hier gibt es wieder große Unterschiede im Maß der Schutzwürdigkeit. Besitzt beispielsweise eine Stadt einen Platz im Zentrum mit einer weitgehend erhaltenen historischen Bebauung, die maßstabgebend für den ganzen Ort ist, so muss sie außer dem Stadtraum auch die vorhandenen Gebäude oder zumindest die Platzansichten dieser Häuser
zusätzlich als Baudenkmal schützen; Näheres dazu in Abschn. 2.4. Ebenso kann man auch
Einbauten des Raumes, etwa einen Brunnen oder ein Denkmal, bis hin zu Material und
Farbe des Bodenbelags unter Denkmalschutz stellen. In vielen Fällen kommt beides vor:
Ein Raum wird insgesamt zum Denkmalbereich erklärt, aber zusätzlich stehen einige besonders erhaltenswerte Gebäudeansichten oder Einbauten unter Denkmalschutz.

Sind nicht bebaute Gebiete oder Räume, sondern Grünanlagen wie Parks oder Friedhöfe erhaltenswert, können sie ebenfalls wie Denkmalbereiche durch Satzung geschützt
werden ("geschützte Landschaftsteile"). In der Satzung ist wieder durch Karten, Text oder
Fotos anzugeben, was erhalten werden soll; von der Gesamtanlage, ob es sich beispielsweise um einen französischen Garten mit seinen streng geometrischen Formen handelt oder
um einen englischen Landschaftspark, über das Wegenetz, die Stellung und Art der größeren Bäume bis hin zur Gestaltung der Pflanzflächen, im französischen Garten beschnittene
Hecken, Stauden- und Blumenbeete in geometrischen Mustern, oder im englischen Park
wie natürlich gewachsen. Veränderungen, etwa Ersatzpflanzungen für abgestorbene oder
im Sturm umgestürzte Bäume oder die Erneuerung einjähriger Blumenbeete, sind grundsätzlich zulässig, soweit die in der Satzung als denkmalwürdig bezeichneten Einzelheiten
erhalten oder beachtet werden. Wenn dagegen ein mächtiger, schön gewachsener Baum
unbedingt erhalten werden soll, muss er zusätzlich wie ein Baudenkmal als Naturdenkmal
unter Schutz gestellt werden. Auch hier kommt regelmäßig beides zusammen vor: In geschützten Landschaftsteilen gibt es oft einzelne, absolut geschützte Naturdenkmäler.

2.3.3 Raumgrundriss

Abschließend wieder konkrete Beispiele zur Erhaltenden Erneuerung in denkmalgeschützten Räumen: Soll beispielsweise der Grundriss eines Raumes erhalten werden, ist
auf die Bewahrung der Breite und Tiefe des Raumes zu achten; zunächst zur Raumbreite:

Was unter der Augenhöhe liegt, wirkt nicht raumbegrenzend. Die Breite der Fahrbahn, Vorgartenmauern oder -hecken, sofern sie deutlich unter Augenhöhe bleiben, unterteilen zwar den Raum, aber die Breite eines Straßenraumes wird bestimmt durch den Abstand der Gebäude, die sich gegenüber liegen. Daher müssen Neubauten zur Erhaltung der Raumbreite vor allem die bestehende Bauflucht aufnehmen. Die Raumtiefe als Nächstes ist bei heutigen Straßen generell nicht begrenzt, in historischen Straßenräumen dagegen schon. Sie wird oft begrenzt durch die Krümmung der Straßen, durch Versätze der Randbebauung und durch den häufigen Wechsel zwischen kurzen, engen Straßenabschnitten und Platzerweiterungen. Aber auch in großstädtischen Altbaugebieten lassen sich selbst gerade Straßen von erheblicher Breite durch Straßenbäume, Pflanzflächen und häufige Wechsel in der Anordnung der Kfz-Parkstände in viele kleinmaßstäbliche Räume und abwechslungsreiche Raumfolgen aufteilen.

Schließlich beeinflussen auch die Aufteilung des Straßenraums in Verkehrsfläche und Vorgärten, die Unterteilung der Verkehrsfläche und das Material des Straßenbelags den Raumeindruck. Die übliche Einteilung in Fahrbahn und Gehwege, die durch Bordsteinkanten getrennt werden, unterstreicht noch die Längsrichtung eines Straßenraums, während Straßenpflaster, in kleinen Flächen aus wechselndem Material verlegt, den Raum in der Tiefe gliedert. Indem man die Fahrbahn auf Kosten der Vorgärten verbreitert, um den wachsenden Autoverkehr bewältigen zu können, oder auch nur das Kopfsteinpflaster in Altbaugebieten durch eine verkehrsgerechtere und preiswertere Asphaltdecke ersetzt, kann der Maßstab eines Raumes stark verändert und beschädigt werden. In Denkmalbereichen ist daher auch auf die Erhaltung dieser Details bis hin zum Verlegemuster und der Farbe des Straßenpflasters zu achten.

Das größte Problem bei der Ausweisung von Straßenräumen als Denkmalbereich besteht regelmäßig in der Anpassung an die Bedürfnisse des motorisierten Verkehrs. Alle denkmalwürdigen Straßen stammen aus einer Zeit, als es noch keine Autos gab, und vermögen die heute üblichen Fahrzeugmengen regelmäßig nicht zu bewältigen. Auch können die Ampeln und Verkehrszeichen oder die Fahrbahnen mit ihren unmaßstäblichen Asphaltdecken das Straßenbild erheblich beeinträchtigen. Deshalb verträgt ein historischer Straßenraum oder Platz oft so gut wie keinen Autoverkehr. Andererseits lässt sich der Durchgangsverkehr zumeist vollständig, Anliegerverkehr großenteils in nicht denkmalgeschützte Straßen verlagern; vgl. Kap. 5. Dasselbe gilt auch für den ruhenden Verkehr. Straßenräume, die schon für den fließenden Verkehr nicht reichen, vermögen die heute üblichen Massen abgestellter Fahrzeuge erst recht nicht zu fassen; und gerade an besonders erhaltenswerten Plätzen werden oft viele Bus- und hunderte von Pkw-Parkständen für Touristen benötigt. Aber nur ein kleiner Teil muss im Denkmalbereich selbst liegen. Wie weit die Parkflächen vom Denkmalbereich entfernt sein dürfen, wird ebenfalls in Abschn. 5.4 behandelt. Insgesamt lassen sich die Flächen für den fließenden und ruhenden Verkehr regelmäßig so weit einschränken, wie der Denkmalschutz es erfordert.

Schließlich die Straßenräume, die nicht unter Denkmalschutz stehen: Auch hier sind die Ausführungen des Abschn. 2.3.3 grundsätzlich zu empfehlen, ihre Beachtung kann aber im Allgemeinen nicht von der Bauverwaltung gefordert werden. Eine Ausnahme bildet die Einhaltung der Bauflucht bei Neubauten, wenn es für das Bauvorhaben einen Bebauungsplan gibt. In Bebauungsplänen sind die überbaubaren Grundstücksflächen stets angegeben, entweder durch Baulinien, auf die gebaut werden muss, oder durch Baugrenzen, bis zu denen maximal gebaut, hinter denen aber auch zurückgeblieben werden darf. Oder die Bebauungstiefe ist vorgegeben. Das ist eine Baugrenze, deren Abstand von der Straßenbegrenzungslinie festgelegt wird; Einzelheiten und Ausnahmen siehe Baunutzungsverordnung. Wenn nun die Gemeinde wünscht, dass ein Neubau in der Flucht der Nachbargebäude errichtet werden soll, kann sie das durch eine Baulinie vorschreiben. Aber auch ohne Bebauungsplan kann sie die Einhaltung der Bauflucht fordern, weil nach § 34 Baugesetzbuch ein Bauvorhaben nur zulässig ist, wenn es sich „nach der Grundstücksfläche, die überbaut werden soll, in die Eigenart der näheren Umgebung einfügt".

Auch Details des Straßenraums von der Gestaltung der Vorgärten, zum Beispiel einheitliche Einfriedigungen in einer Wohnstraße durch ca. 50 cm hohe Hecken, über die Einteilung der Verkehrsfläche, etwa in Fahrbahn und Gehwege, bis hin zu Material und Farbe des Straßenbelags werden in Bebauungsplänen häufig angegeben. Dabei ist jedoch zu unterscheiden zwischen verbindlichen Festsetzungen und unverbindlichen Vorschlägen. Nur die Begrenzung der öffentlichen Verkehrsfläche gehört nach Baugesetzbuch zu den Mindestfestsetzungen, die jeder Bebauungsplan enthalten muss. Alle anderen Angaben können die Gemeinden verbindlich oder unverbindlich treffen, und in der Praxis handelt es sich fast ausnahmslos um unverbindliche Vorschläge. Ohne Bebauungsplan schließlich gibt es keine Möglichkeit, die Erhaltung oder Berücksichtigung von Einzelheiten im Straßenraum zu sichern.

2.3.4   Raumhöhe

Weiter ist in denkmalgeschützten Räumen auf die Erhaltung der Wandhöhe zu achten. Dabei kommt es nicht so sehr auf die absolute Höhe der den Raum begrenzenden Bebauung an, sondern mehr auf das Verhältnis von Höhe zu Breite des Raums. In einer engen Gasse ist die Wandhöhe zumeist größer als die Straßenbreite, auf einem Stadtplatz ist es regelmäßig umgekehrt. Je größer der Quotient Höhe : Breite ist, desto geschlossener wirkt ein Raum. Daher ist stets die Bewahrung dieser Relation anzustreben. Da Außenräume im Gegensatz zu Innenräumen keine Decke haben, ergibt die obere Begrenzung der Raumwand gegen den Himmel die optische Raumhöhe. Das Denkmalschutzgesetz in NRW verwendet in diesem Zusammenhang den Begriff der „Silhouette", üblicher ist wohl die englische Bezeichnung „Skyline". Die optische Höhe entspricht nicht immer der tatsächlichen Höhe. In engen Straßenschluchten kann man die Dachflächen der Randbebauung oft nicht oder nur perspektivisch stark verkürzt wahrnehmen. Darum entspricht bei traufständigen Gebäuden die optische Wandhöhe nicht der Firsthöhe, sondern (ungefähr) der Traufhöhe. Bei giebelständigen Häusern dagegen sind optische und tatsächliche Wandhöhe gleich. Außerdem ergibt eine giebelständige Bebauung im Allgemeinen eine lebendigere Skyline als traufständige Gebäude.

Auch in nicht denkmalgeschützten Räumen wird das Verhältnis Wandhöhe zu Raumbreite durch die Bauordnungen der Bundesländer eingeschränkt, die alle Bestimmungen über Mindestabstände zwischen Gebäuden enthalten, um eine ausreichende Belichtung und Belüftung zu gewährleisten. Da die Vorschriften in den verschiedenen Ländern sich nicht grundsätzlich unterscheiden, sei wieder nur die Bauordnung in Nordrhein-Westfalen dargestellt. Nach § 6 BauO NW sind vor Außenwänden von Gebäuden Flächen von Bauwerken freizuhalten (Abstandflächen – A). Stehen sich zwei Gebäude gegenüber, dürfen ihre Abstandflächen sich im Allgemeinen nicht überdecken, sodass der Gebäudeabstand mindestens $A_1 + A_2$ betragen muss. Die Breite von A, senkrecht zur Wand gemessen, richtet sich nach der Wandhöhe H und beträgt im Normalfall 0,8 H. Als Wandhöhe gilt im Allgemeinen das Maß von der Geländeoberkante bis zum oberen Wandabschluss. Aber von jedem Schritt der Abstandsermittlung gibt es zahlreiche Ausnahmen. Teilweise dürfen Gebäude in den Abstandflächen anderer Bauwerke stehen und/oder haben selbst keine Abstandflächen, teilweise dürfen zwei A sich doch überlagern, teilweise wird die tatsächliche Gebäudehöhe nur zu einem Drittel oder gar nicht auf H angerechnet, und schließlich muss A meistens weniger als 0,8 H betragen. Insgesamt wird so das ursprüngliche Ziel, eine ausreichende Belichtung und Belüftung der Gebäude zu gewährleisten, weithin verfehlt.

Trotzdem lassen sich in überwiegend bebauten Gebieten, etwa bei Baulückenschließungen, diese Belichtungsabstände oft nicht einhalten. Dann können geringere Abstände gestattet oder sogar verlangt werden, wenn die Gestaltung des Straßenbildes oder besondere städtebauliche Gründe dies rechtfertigen. Denkmalschutz ist stets eine ausreichende städtebauliche Begründung. In Denkmalbereichen dürfen daher die Abstandflächen generell unterschritten werden, und zwar ohne jede Einschränkung, also selbst wenn in den Erdgeschossen sich gegenüberliegender Gebäude in engen Altstadtgassen von einer ausreichenden Belichtung keine Rede mehr sein kann. Die Ausnahmeregelung gilt aber auch für nicht denkmalgeschützte, überwiegend bebaute Gebiete. Da die Ausnahmevoraussetzungen sehr allgemein formuliert sind, ist die Anwendung der Abstandsbestimmungen auch hier praktisch weitgehend in das Ermessen der zuständigen Planungsämter gestellt.

2.3.5 Die Geschlossenheit des Raumes

Weiter ist in denkmalgeschützten Räumen darauf zu achten, die Geschlossenheit der den Raum begrenzenden Wände zu bewahren, denn je geschlossener die Randbebauung, je enger die Zugänge, desto deutlicher der Raumeindruck. Zu unterscheiden ist nach dem Grad der Geschlossenheit zwischen freistehenden Einzelgebäuden, Doppelhäusern, Hauszeilen von begrenzter Länge, etwa 20 oder 30 m, bis zur vollständig geschlossenen Bauweise, bei der alle Gebäude in einer Straße aneinander gebaut sind. Neubauten sollten daher stets der Bauweise der näheren Umgebung, insbesondere der Bauweise der Nachbargrundstücke auf beiden Seiten entsprechen. Besonders wichtig ist auch die Erhaltung der für den Raumeindruck bedeutsamen Blockecken an Straßeneinmündungen.

Eine schräge Stellung zum Nachbargebäude oder eine schiefwinklige Gebäudegrundfläche ergeben bei überwiegend geschlossener Bauweise besonders lebendige Räume. Neubauten können und sollen in dieser Umgebung daher wieder schräg zu den Nachbarn errichtet werden. Wenn jedoch an einer Straße mit freistehenden, in einer Bauflucht liegenden Baukörpern ein Neubau schräg zu den Nachbargebäuden und zur Bauflucht geplant wird, beispielsweise um ein schiefwinkliges Grundstück besser ausnutzen zu können, wird das Bauvorhaben mit der umgebenden Bebauung keinen Raum bilden, sondern wie ein Solitär wirken, um den der Raum wie Wasser herum fließt („fließender Raum").

Auch in nicht denkmalgeschützten Räumen ist die Wahl der Bauweise bei Neubauten eingeschränkt. Gilt für das Bauvorhaben ein Bebauungsplan, so ist darin die Bauweise regelmäßig vorgeschrieben. Die Baunutzungsverordnung unterscheidet zwischen offener Bauweise (o), bei der ein Gebäude auf beiden Seiten Grenzabstände einhält, und geschlossener Bauweise (g), in der ein Gebäude beidseitig auf der Grenze zu errichten ist, sodass es direkt an die Nachbarhäuser angebaut oder später anzubauen ist. Zur offenen Bauweise zählt ferner das Doppelhaus, bei dem jede Hälfte auf einer Seite auf der Grenze steht (g) und auf der anderen Seite einen Grenzabstand einhält (o), daher auch oft als „halboffene" Bauweise bezeichnet. Zu o rechnen ferner Hauszeilen bis 50 m Länge. Schreibt deshalb der Bebauungsplan o vor, ist es zulässig, in einem Gebiet mit freistehenden Einfamilienhäusern eine bis zu 50 m lange Zeile aus Reihenhäusern zu bauen, wenn der Plan das nicht ausdrücklich ausschließt. Gibt es schließlich für ein Bauvorhaben keinen Bebauungsplan, muss der Neubau sich in zusammenhängend bebauten Gebieten dennoch „nach der Bauweise in die Eigenart der näheren Umgebung einfügen", § 34 BauGB.

Der seitliche Grenzabstand richtet sich nach den o.g. Abstandsbestimmungen. Es gelten wieder mehrere Ausnahmen: So genügt in der Regel die halbe Abstandfläche, mindestens jedoch 3 m. Ferner können im Bebauungsplan geringere Abstandflächen zugelassen oder vorgeschrieben werden („abweichende Bauweise", § 22 BauNVO). In überwiegend bebauten Gebieten brauchen jedoch, wie schon dargestellt, die Abstandregeln meistens nicht eingehalten werden, insbesondere nicht in Denkmalbereichen: In Altstadtgebieten gibt es häufig an den seitlichen Grundstücksgrenzen ganz geringe Abstände von 1 m oder weniger, ursprünglich vor allem aus Gründen des Brandschutzes. Hier ist zur Erhaltung des Straßenbildes auch bei Neubauten die Beibehaltung der geringen „Bauwiche" zu fordern, wenn die sich allzu nah gegenüberliegenden Wände oder bei Altbauten ihre Bekleidung aus nicht brennbaren Baustoffen bestehen.

2.4   Der Umgang mit vorhandenen Gebäuden

2.4.1   Allgemeines

Nach Gebieten und Räumen folgt zuletzt die Erhaltende Erneuerung einzelner Gebäude. Auszugehen ist wieder von der Frage, welche Bauwerke insgesamt oder welche Bauteile erhaltenswert sind. Die Antwort der Denkmalschutzgesetze, der Hinweis auf die Relevanz

für die Geschichte der Stadt oder des Menschen und die Forderung künstlerischer, städtebaulicher, volkskundlicher o.a. Gründe, ist jedoch auch hier so wenig konkret, dass die Beurteilung der Erhaltenswürdigkeit von Gebäuden weitgehend in das Ermessen der Denkmalbehörden gestellt ist, deren Ansichten sich im Laufe der Zeit wie schon gesagt stark
gewandelt haben. Heute gelten unbestritten als erhaltenswert nicht nur Bauwerke von be-
sonderer Bedeutung wie die Dome und Kathedralen des Mittelalters oder die Schlösser der
Renaissance und des Barock, sondern auch schmucklose Bürger- und Bauernhäuser aus
jener Zeit, die jedoch viel seltener erhalten geblieben sind, weil sie aus preiswerteren und
vergänglicheren Baumaterialien wie Holz oder Putz errichtet wurden.

Auch bei Gebäuden aus dem 19. Jahrhundert, bei Rathäusern, Postämtern und Bahn-
höfen, die man wahllos mit neugotischen, neobarocken oder klassizistischen Fassaden
schmückte, oder bei Wohnhäusern, Fabriken und gemischt genutzten Gebäuden aus der
Gründerzeit um 1900 verlangen die Denkmalbehörden heute in der Regel ihre Erhaltung,
dies umso mehr, je weniger in einer Stadt an alter Bausubstanz noch vorhanden ist. Inzwischen gelten auch die Klassiker der Moderne aus der Zeit nach dem Ersten Weltkrieg,
wie die Bauhausarchitektur in Dessau, unstrittig als erhaltenswürdig, ebenso viele heraus-
ragende Bauten, die nach dem Zweiten Weltkrieg entstanden sind. Aber nicht nur aus bau-
und kunstgeschichtlichen Gründen, auch als Zeugnisse der Stadtgeschichte oder der allgemeinen Kultur- und Geistesgeschichte können Gebäude erhaltenswert sein, zum Beispiel
das ehemalige Rathaus des Ortes oder das Geburts- oder Sterbehaus eines bedeutenden
Bürgers der Stadt, eines bekannten Künstlers oder Wissenschaftlers.

Oft haben viele Generationen an einem Bauwerk gearbeitet. Man denke an die Kirchen
des Mittelalters, die im romanischen Stil begonnen und in der Spätgotik vollendet wurden,
oder an die Rathäuser, die jahrhundertelang immer wieder erweitert worden sind, zum
Beispiel in Lübeck oder Lemgo. Jede Zeit hat selbstverständlich in ihrem eigenen Stil wei-
tergebaut, sodass viele Gebäude ein gutes Stück Baugeschichte in sich vereinigen. Wenn
verschiedene Gebäudeteile in unterschiedlichen Bauepochen entstanden sind, ist heute
unstrittig das Nebeneinander der verschiedenen Baustile zu erhalten. Wenn beispielsweise
eine mittelalterliche Kirche auf den Fundamenten einer römischen Basilika errichtet wurde, sollte man versuchen, dieses Nacheinander durch die Freilegung der älteren Fundamente wieder sichtbar zu machen.

Weiter werden Gebäude durch Benutzung, mehr noch durch besondere Ereignisse wie
Krieg oder Feuer zerstört, erneuert und immer wieder verändert. Wenn beispielsweise ein
erhaltenswürdiges altes Haus im letzten Krieg stark beschädigt und in der Notzeit danach
nur provisorisch repariert wurde, ist vielleicht nur ein Giebel noch echt und alt, oder nur
die Haustür mit Oberlicht und Umrahmung, die Stuckdecken in einigen Räumen, die
Treppe mit handgeschnitztem Geländer usw. Dann ist nicht das ganze Haus erhaltenswert, sondern nur die noch vorhandenen älteren Bauteile. Oder man stößt beim Ausheben
einer Baugrube für einen Neubau im Boden auf die Reste einer früheren Bebauung. Auch
Grundmauern und Fundamente können als Bodendenkmäler erhaltenswert im Sinne der
Denkmalschutzgesetze sein, ja sogar Veränderungen in der natürlichen Bodenbeschaffen-
heit, die durch selbst nicht mehr erkennbare Bodendenkmäler hervorgerufen worden sind.

Schließlich sind die durch landschaftliche Lage und natürliche Umgebung einer Stadt bedingten Besonderheiten der Gebäude zu erhalten. In waldreichen Gebieten beispielsweise, wo früher der Baustoff Holz reichlich zur Verfügung stand, herrschte die Fachwerkbauweise vor. In der norddeutschen Tiefebene dagegen wurden die Gebäude vorwiegend aus Ziegeln errichtet. Oder ein anderes Beispiel: In Norddeutschland gab es mehr Sturm als im Süden des Landes. Daher waren die Dächer im Flachland steiler als in den Bergen. Dem entsprachen auch ganz unterschiedliche Dachkonstruktionen: das Kehlbalkendach im Norden und das Pfettendach im Süden. Die Erhaltung eines Gebäudes schließt immer auch die Bewahrung der örtlichen und regionalen Besonderheiten des Bauens mit ein.

2.4.2 Verfahren

Nachdem man festgestellt hat, welche Gebäude oder Bauteile zu erhalten sind, ist das weitere Verfahren wieder durch die Denkmalschutzgesetze der Länder geregelt. Die zu erhaltenden Gebäude werden als Baudenkmäler in eine Denkmalliste eingetragen. Dasselbe kann auch mit einzelnen Bauteilen geschehen, von ganzen Fassaden bis hin zu einer einzelnen Haustür oder einem offenen Kamin. Die Folge ist, dass die Eigentümer oder Nutzungsberechtigten, die Mieter, ihr Haus so zu nutzen haben, dass die Erhaltung der Bausubstanz auf Dauer gewährleistet ist. Die Gebäude müssen instandgehalten oder, wenn sie reparaturbedürftig sind, material- und konstruktionsgerecht wieder instandgesetzt werden. Auch haben die Besitzer ihr Baudenkmal vor Gefährdung zu schützen und regelmäßig zu unterhalten, sonst bleibt am Ende nur die Runderneuerung, bei der dann oft kein einziger Balken des Fachwerkhauses mehr alt ist. Man kann ein Gebäude auch „totsanieren".

Wenn denkmalgeschützte Teile eines Gebäudes nicht mehr in Stand zu setzen sind, dürfen sie auch erneuert werden; beispielsweise Fenster, aber nur mit derselben Sprossenteilung, auch wenn die Hausfrau die vielen kleinen Scheiben noch so unpraktisch findet, oder nur mit denselben konvexen und konkaven Profilen der Rahmen, auch wenn die heute üblichen Fensterrahmen wesentlich preiswerter sind und dichter schließen. Oder der Putz fällt herunter: Dann ist er so originalgetreu wie möglich mit denselben Verzierungen und Umrahmungen der Fenster- und Türöffnungen zu erneuern – eine kostspielige Angelegenheit, weil das so gut wie kein Handwerker heute mehr beherrscht, und weil es die Schablonen dafür regelmäßig nicht mehr gibt, sodass sie in den meisten Fällen neu angefertigt werden müssen. Der Schutz eines Baudenkmals geht also sehr viel weiter als der eines Denkmalbereichs. Muss ein denkmalgeschütztes Bauteil erneuert werden, ist es so genau wie möglich nachzumachen. Im Denkmalbereich dagegen sollte man im Rahmen der Satzung zeitgemäß bauen.

Wenn nun aber der Besitzer eines Baudenkmals sich nicht an die vom Gesetz vorgeschriebene Verpflichtung hält? Früher waren fehlende Bereitschaft und mangelndes Verständnis der Eigentümer relativ selten. Heute dagegen können viele die oft hohen Kosten der Erhaltung eines Denkmals nicht mehr aufbringen und auch keinen Käufer finden, der dazu bereit ist, vor allem in Ostdeutschland. Zwar erhalten die Eigentümer Zuschüsse zu den Instandhaltungs- und Instandsetzungskosten aus öffentlichen Mitteln, die jedoch knapp und pauschaliert, also nicht für das einzelne Gebäude berechnet sind und die Mehrkosten gegenüber einer heute üblichen Bauweise nie voll decken. Ferner gibt es erweiterte steuerliche Abschreibungsmöglichkeiten für Baudenkmäler, die aber nur Spitzenverdienern mit hohem Steuersatz nützen und nicht dem, der nur wenig Vermögen und Einkünfte hat.

Ein weiteres Problem ist, wie schon in Abschn. 2.1.5 ausgeführt, dass der Eigentümer eines Baudenkmals im Allgemeinen nur bereit ist, den erhöhten Erhaltungsaufwand zu tragen, wenn er das Gebäude nach seinen Vorstellungen nutzen kann. Die Ansprüche der Nutzer aber wandeln sich laufend. Also sind die Denkmäler den heutigen Anforderungen anzupassen. Andererseits sind die dafür erforderlichen baulichen Veränderungen so zu begrenzen, dass das Erhaltenswerte an den Gebäuden nicht verloren geht. Steht zum Beispiel ein älteres Mehrfamilienhaus unter Denkmalschutz, sind Küchen, Bäder, Toiletten in jede Wohnung einzubauen sowie Wohnungsabschlusstüren, ein neues Energie sparendes Heizungssystem, die Installationen für Strom, Telefon, Fernsehen usw., denn ohne diese Umbaumaßnahmen wären die Wohnungen heute nicht mehr vermittelbar.

Oft jedoch reicht eine Anpassung nicht aus. Es muss für das Denkmal eine neue Nutzung gefunden werden, um es erhalten zu können. Ein früheres Schloss beispielsweise lässt sich unter Umständen als Universität, Musikkonservatorium oder Museum nutzen. Auch immer mehr Kirchen werden heute für den Gottesdienst nicht mehr gebraucht. Manche sind in Säle für Konzerte und Kulturveranstaltungen umgewandelt worden, andere in Bibliotheken oder Altenheime. Oder viele Bahnhöfe werden von der Deutschen Bahn im Zuge der Streckenreduzierung aufgegeben. Ein bekanntes, besonders gelungenes Beispiel einer Bahnhofsumnutzung stellt das Musée d'Orsay in Paris dar. Umnutzungen erfordern in der Regel größere Eingriffe in die Bausubstanz, oft auch äußere Erweiterungen, die im Extremfall im Volumen das Denkmal selbst übertreffen können. Dann ist eine Anpassung des Neubaus im Sinne dieses Abschnitts besonders wichtig.

Alle Nutzungsänderungen und baulichen Veränderungen bedürfen außer den generell erforderlichen Genehmigungen immer der Erlaubnis der zuständigen Denkmalbehörde, die nur zu erteilen ist, wenn das Erscheinungsbild des Denkmals durch die Maßnahme nicht beeinträchtigt wird. Die Formulierung der Denkmalschutzgesetze ist wenig konkret und gibt dem Denkmalamt einen großen Ermessensspielraum. Die Erlaubnispflicht gilt auch für die Errichtung, Veränderung oder Beseitigung von Gebäuden in der engeren Umgebung von Baudenkmälern. Engere Umgebung sind nicht nur die Nachbargebäude rechts und links, sondern alle Bauten, die mit dem Denkmal zusammen gesehen werden, beispielsweise auch die Gebäude auf der gegenüberliegenden Straßenseite. Um Streitfälle zu vermeiden, sollte daher zumindest für jedes bedeutende Baudenkmal der Schutzbereich Haus für Haus genau festgelegt werden.

2.4.3 Gebäudehöhe

Abschließend wieder konkrete Beispiele zur Erhaltenden Erneuerung bei baulichen Veränderungen in oder an Baudenkmälern oder in ihrer engeren Umgebung: Soll beispielsweise ein Denkmal erweitert oder ein Neubau im Schutzbereich eines Denkmals errichtet werden, ist das Bauvorhaben in der Baumasse der Umgebung anzupassen, damit der Neubau das Baudenkmal nicht allein schon durch seine Größe „erschlägt". Beim Bauvolumen sind ferner Gebäudehöhe, -breite und -tiefe zu unterscheiden; zunächst zur Anpassung in der Gebäudehöhe: Hier kommt es, wie schon in Abschn. 2.3.4 näher ausgeführt, weniger auf die tatsächliche als vielmehr auf die optische Höhe der Bebauung an. Deshalb sind Neubauten in Denkmalschutzbereichen nicht nur in der Traufhöhe der Umgebung anzugleichen, sondern auch in Dachform und -neigung, Hauptfirstrichtung (traufständig oder giebelständig zur Straßenseite) und soweit sichtbar auch in der Firsthöhe. Wenn die beiden Nachbarn rechts und links in der Gebäudehöhe oder in der Dachform stark differieren, sollte der Neubau ihre Unterschiede möglichst ausmitteln.

Die Anpassung eines Neubaus in der Höhe ist häufig umstritten, weil der Architekt im Interesse einer wirtschaftlicheren Ausnutzung des Grundstücks mehr Geschosse wünscht als für den Denkmalschutz gut ist. So werden bei traufständigen Bauvorhaben zur besseren Ausnutzung des Dachgeschosses oft Gauben über die ganze Hausbreite geplant. Dann liegt jedoch die Skyline (s. Abschn. 2.3.4) in der Regel über den Gauben, und der Neubau erscheint rund ein Geschoss höher, selbst wenn die Traufhöhe der Nachbarhäuser übernommen wird. Deshalb sollten auch die Dachgauben von Neubauten im Schutzbereich eines Denkmals der Umgebung entsprechen, zum Beispiel stehende Rechtecke ergeben, und in der Gesamtbreite begrenzt werden, beispielsweise auf 25 % der Hausbreite.

Auch ohne denkmalgeschützte Umgebung ist die Höhe von Neubauten im Allgemeinen eingeschränkt. Gibt es für das Grundstück des Bauvorhabens einen Bebauungsplan, ist darin nach Baunutzungsverordnung die Zahl der Vollgeschosse oder die Gebäudehöhe festzulegen, wenn ohne diese Festsetzung das Orts- und Landschaftsbild beeinträchtigt werden könnte. Das ist nach herrschender Meinung in zusammenhängend bebauten Gebieten stets anzunehmen. In den meisten Bebauungsplänen wird die Zahl der Vollgeschosse (Z) vorgeschrieben. Der Begriff des Vollgeschosses ist jedoch in den verschiedenen Landesbauordnungen nicht einheitlich geregelt, zum Beispiel bei der Frage, wann ein Hanggeschoss oder ein ausgebautes Dach als Vollgeschoss zählt. Die Festlegung der Geschosszahl kann außerdem zu sehr unterschiedlichen Gebäudehöhen führen. Wenn der Bebauungsplan beispielsweise Z = II angibt, kann die Traufhöhe bei verschiedenen Sockel-, Geschoss- und Drempelhöhen etwa zwischen 5,5 und 9,5 m liegen.

Daher ist, zumindest in zusammenhängend bebauten Gebieten, die Festsetzung der Gebäudehöhe H anstelle von Z im Bebauungsplan vorzuziehen. Doch auch dabei sind erhebliche Höhenunterschiede bei Neubauten möglich, wenn wie üblich die Höhenlage des Geländes, auf das die Gebäudehöhe sich bezieht, nicht im Bebauungsplan angegeben ist. Soll dann beispielsweise ein Bauvorhaben etwas höher werden, kann das Gelände um das Haus herum durch Aufschütten erhöht werden, bis der Vorschrift Genüge getan ist. Am besten ist es deshalb, in überwiegend bebauten Gebieten im Bebauungsplan statt der Gesamthöhe des Gebäudes differenziert die Sockel-, Geschoss- und Drempelhöhen zu begrenzen sowie Dachform, Dachneigung und Firstrichtung festzulegen. Rechtsgrundlage dieser detaillierten Festsetzungen bildet nicht das Bundesrecht, sondern die Bauordnungen der Länder, z. B. § 86 BauO NW. Daher sind sie zwar nicht zwingend vorgeschrieben, gehören aber inzwischen zu den „Regelfestsetzungen", die in Bebauungsplänen für überwiegend bebaute Gebiete regelmäßig erfolgen.

Schließlich die Bauvorhaben in zusammenhängend bebauten Gebieten, für die es weder einen Bebauungsplan noch Baudenkmäler in der näheren Umgebung gibt: Auch diese sind nach § 34 Baugesetzbuch nur zulässig, wenn sie sich „nach dem Maß der baulichen Nutzung", ergo u. a. in der Höhe, „in die Eigenart der näheren Umgebung einfügen". Dabei sollte die Anpassung an die bauliche Umgebung umso genauer sein, je geringer der Abstand zu den Nachbargebäuden ist. Handelt es sich beispielsweise um eine Baulücke in einer Hauszeile mit geschlossener Bauweise, sollte der Neubau möglichst dieselbe Geschosszahl, Traufhöhe, Dachform, Firstrichtung und Dachneigung erhalten wie die Nachbargebäude. Schon ein Geschoss mehr oder ein wenige Grad steileres Dach, beides häufig im Interesse einer wirtschaftlicheren Ausnutzung des Grundstücks, wirken in der Regel schlecht angepasst. Ist dagegen eine Lücke zwischen freistehenden Häusern zu schließen, wo der Abstand zwischen den benachbarten Gebäuden mindestens 6 m beträgt, fallen kleinere Abweichungen, zum Beispiel in der Höhe bis zu einem halben Geschoss oder in der Dachneigung bis zu 5°, kaum auf. Beträgt der Gebäudeabstand schließlich 20 m und mehr, etwa zwischen benachbarten Hauszeilen, sind noch größere Abweichungen unbedenklich, beispielsweise ein Staffelgeschoss mit Flachdach neben Steildächern.

2.4.4 Gebäudebreite

Neubauten in denkmalgeschützter Umgebung sind ferner, wie schon gesagt, den Denkmälern in Gebäudebreite und -tiefe anzupassen. In älteren Baugebieten überwiegt die geschlossene Bauweise, sodass die Gebäudetiefe meist nicht zu erkennen ist. Dann reduziert sich die Forderung auf die Anpassung in der Breite der Straßenansicht. Hier ist, wie schon in Abschn. 2.2 näher ausgeführt, häufig das Problem, dass Bauaufgaben in unserer Zeit größere Hausbreiten erfordern als in älteren Stadtvierteln üblich. Die Lösung kann darin bestehen, den Neubau optisch in mehrere Baukörper zu unterteilen. – Manchmal ergeben aber auch heutige Bauaufgaben kleinere Hausbreiten als früher, zum Beispiel bei Einfamilienhäusern wegen der beständig abnehmenden Familiengröße. So lassen sich oft zwei schmale Reihenhäuser optisch zu einem Gebäude zusammenfassen, das in der Breite ungefähr der älteren Bebauung in der Umgebung entspricht.

Auch ohne denkmalgeschützte Umgebung ist das Bauvolumen von Neubauten oft eingeschränkt. Gibt es für ein Bauvorhaben einen Bebauungsplan, ist darin immer die überbaubare Fläche unter anderem durch die Grundflächenzahl GRZ (s. Abschn. 2.2.4) und regelmäßig die dritte Dimension durch die Zahl der Vollgeschosse Z oder die Gebäudehöhe H (s. Abschn. 2.4.3) begrenzt. Zusätzlich sieht die Baunutzungsverordnung für das Produkt dieser beiden Faktoren, das Bauvolumen, eine weitere Obergrenze vor. Sind GRZ und Z im Bebauungsplan festgelegt, wird auch ihr Produkt, die Geschossflächenzahl GFZ begrenzt. Die GFZ gibt an, wie viel Quadratmeter Geschossfläche pro Quadratme-

ter Grundstücksfläche zulässig sind. Für die verschiedenen Baugebietsarten gelten unterschiedliche Obergrenzen, von 0,2 für Wochenendhausgebiete bis 3,0 für Kerngebiete. Ist
das Produkt aus den im Bebauungsplan festgesetzten Größen GRZ und Z größer als die
nach Baunutzungsverordnung zulässige GFZ, kann entweder die GRZ oder Z nicht voll
ausgeschöpft werden.

Sind dagegen GRZ und H im Bebauungsplan festgesetzt, wird ihr Produkt, die Baumas-
senzahl BMZ begrenzt. Die BMZ gibt an, wie viel Kubikmeter Baumasse je Quadratmeter
Grundstücksfläche zulässig sind. Auch die BMZ hängt von der Art des Baugebietes ab, ist
aber in der Baunutzungsverordnung nicht für jede Gebietsart getrennt ausgewiesen. Von
den Regeln zu GFZ und BMZ gibt es wieder zahlreiche Ausnahmen. So dürfen nach § 17
BauNVO in Gebieten, die am 1. August 1962 überwiegend bebaut waren, beide Obergrenzen
überschritten werden, wenn städtebauliche Gründe dies erfordern. Das trifft auf die engere
Umgebung wohl aller Baudenkmäler zu. Denkmalschutz ist immer ein ausreichender städtebaulicher Grund. Aber auch für Gebiete, die überwiegend erst nach dem 1. Aug. 1962 gebaut
wurden, sowie Gebiete, für die es weder einen Bebauungsplan noch Baudenkmäler in der engeren Umgebung gibt, lässt die Baunutzungsverordnung weit gefasste Ausnahmen zu, sodass
generell der Anpassung von Neubauten an die gebaute Umgebung in Gebäudehöhe, -breite
und soweit sichtbar auch in der Tiefe in zusammenhängend bebauten Gebieten Vorrang vor
der Einhaltung von GFZ und BMZ nach Baunutzungsverordnung gegeben werden kann.

2.4.5 Anpassung im Detail

Schließlich sind die Neubauten nicht nur in Höhe, Breite und Volumen der denkmalgeschützten Umgebung anzupassen, sondern auch in Einzelheiten. Handelt es sich beispielsweise bei den Denkmälern um Massivbauten, reicht die Berücksichtigung ihrer Gesamthöhe und -breite bei Neubauten im Allgemeinen zwar aus. Aber bei Fachwerkhäusern werden
die Fassaden in der Senkrechten in Geschosse, in der Waagerechten durch die Stützen-
abstände gegliedert. Fachwerkhäuser wirken deshalb viel kleinmaßstäblicher als Massivbauten. Bei Bauvorhaben in ihrer Umgebung ist das zu beachten. Der Architekt kann daher
den Neubau in Holz-, Stahl- oder Stahlbetonskelettbauweise planen, weil die historische
Fachwerkbauweise den heutigen Anforderungen etwa an den Wärmeschutz generell nicht
mehr genügt. Er kann aber auch die Fassaden von Massivbauten durch Vor- und Rücksprünge wie Hauseingänge, Erker oder Loggien entsprechend kleinmaßstäblich gliedern.

Oder – ein weiteres Beispiel – bei älteren Gebäuden ergeben die Fenster- und Türöffnungen und die Mauerpfeiler zwischen den Fenstern (fast) immer stehende Rechtecke.
Deshalb sollten auch die Fassaden von Neubauten in ihrer Umgebung möglichst vertikal
strukturiert werden. Ist zum Beispiel ein Mehrfamilienhaus zu planen, sind Spänner dafür
besser geeignet als Ganghäuser (zu den Begriffen s. u. 3.3.3), weil beim Spänner in den
Fassaden meistens die Vertikale, beim Ganghaus, durch die Außengänge und die Bänder
der Loggien bedingt, die Horizontale überwiegt. Aber auch bei Spännern können große
Fenster etwa für Wohnzimmer, Balkone und Loggien liegende Rechtecke in der Fassade

ergeben, die sich jedoch durch Fensterrahmen oder Rankgerüste in vorwiegend vertikale Flächen unterteilen lassen.

Dasselbe wie für Neubauten in der engeren Umgebung von Baudenkmälern gilt für bauliche Veränderungen an den Denkmälern selbst. Wenn beispielsweise beim Einbau eines Ladens in ein Fachwerkhaus vom Bauherrn den Maßstab der Fassade sprengende, große Schaufenster gefordert werden, sollte man nicht einige Ständer des Fachwerks abfangen, was ziemlich sicher den kleinteiligen, vorwiegend vertikalen Maßstab der Fassade sprengen würde, sondern besser das Schaufenster um eine Gangbreite hinter die Fachwerkfassade zurücksetzen (Kolonnadenlösung). Oder wenn aus Gründen der Energieeinsparung neue Fenster mit geringeren Wärmeverlusten eingebaut werden sollen, kann man zum Beispiel hinter die alten Fenster ein neues mit dicht schließenden Rahmen und Doppelverglasung setzen. So wird zugleich das Erscheinungsbild des Baudenkmals nach außen bewahrt und der Energieeinsparverordnung entsprochen. Oder wenn der Bauherr Markisen an einer vertikal strukturierten Fassade wünscht, sollten sie nicht über die ganze Hausbreite gehen, sondern in Einzelschirme über den Fenstern und Türen aufgeteilt werden. Auch der Anpassung von Werbeanlagen ist Beachtung zu schenken: Größe begrenzen und keine bewegliche Lichtreklame zulassen.

Weiter sind Neubauten, An- oder Einbauten in Material und Farbe der denkmalgeschützten Umgebung anzupassen. In historischen Städten weisen die Gebäude in dieser Hinsicht große Einheitlichkeit auf: Im Bergischen Land beispielsweise, wo der Verfasser lebt, schwarz-weißes Fachwerk, blau-grauer Schiefer als Dachdeckung und Wandverkleidung auf der Wetterseite, weiß gestrichene Fensterrahmen und grüne Haustüren und Fensterläden. Die Aufzählung soll verdeutlichen, wie weit ins Detail die Übereinstimmung früher allgemein ging. Im Münsterland dagegen, keine 100 km weiter, herrschen Ziegel für Wände und Dächer als Baumaterial und die braune Farbe vor. Neubauten dem anzupassen bedeutet nicht, sich auf diese Materialien und Farben zu beschränken. Aber wenn man neue Baustoffe verwendet, die ja auch heutigen Anforderungen genügen müssen, sollte man dazu passende wählen.

Schließlich die Neubauten und Umbauten in sonstigen zusammenhängend bebauten Gebieten ohne Baudenkmäler: Gibt es für das Gebiet einen Bebauungsplan, können darin alle in diesem Abschnitt genannten Einzelheiten von der vertikalen Struktur der Fassade bis zu Material und Farbe der Wände, Dächer und Fenster vorgeschrieben werden. Rechtsgrundlage dieser detaillierten Festlegungen bildet nicht das Bundesrecht, sondern die Bauordnungen der Länder, z. B. § 86 BauO NW. In der Praxis wird jedoch von dieser Möglichkeit kaum Gebrauch gemacht. Das gilt erst recht für Bauvorhaben in Gebieten, wo es weder Baudenkmäler in der engeren Umgebung noch einen Bebauungsplan gibt. Hier kann dem Architekten nur empfohlen und nicht gefordert werden, bei der Anpassung von Neubauten an die gebaute Umgebung sowie bei Umbauten vorhandener Gebäude auch auf die o. a. Details zu achten.

2.4.6   Zusammenfassung

Bisher war immer nur die Rede von der Anpassung der Neubauten an die vorhandene gebaute Umgebung. Andererseits aber sollte der Architekt sich nicht nur einfügen und unterordnen, sondern zugleich zeitgemäß bauen und den Unterschied zwischen Vergangenheit und Gegenwart betonen. Aber was bedeutet heute zeitgemäßes Bauen? Bis zum 18. Jahrhundert war es selbstverständlich, das sich jeder Baumeister im Stil seiner Zeit, etwa der Gotik oder des Barock, ausdrückte. Das 19. Jahrhundert hat schon keinen gemeinsamen Baustil mehr hervorgebracht, sondern nur noch eine beliebige Wiederholung aller früheren Stile; und heute versucht jeder Architekt, seinen eigenen, persönlichen Stil, seine „Handschrift" finden. Aber das ist meistens ein Trugschluss. Das Ergebnis ist (fast) immer eine Wiederholung dessen, was gerade Mode ist, und die Moden wechseln immer rascher.

Deshalb sollte der Architekt zeitgemäße Konstruktionen und Baustoffe wählen, die einen deutlichen Gegensatz zur gebauten Umgebung bilden können. Auch eine zeitgemäße Gestaltung oder besser noch eine persönliche Handschrift ist anzustreben. Aber zugleich sind Neubauten oder Umbauten vorhandener Gebäude der gebauten Umgebung in dreifacher Hinsicht anzupassen: dem Baugebiet zum Beispiel in der Art der Nutzung, der Grundstücksgröße usw. (s. Kap. 2.2), dem (Straßen)raum in Bauflucht, Skyline etc. (Abschn. 2.3) und vor allem den umgebenden Gebäuden in Höhe, Volumen, Dachform, Fassaden, Baumaterialien und Farben (Kap. 2.4). Das Lehrbuch des Verfassers „Städtebau. Ein Grundkurs" veranschaulicht durch zahlreiche Abbildungen zu den meisten behandelten Fragen, wie man zugleich zeitgemäß und gut an die gebaute Umgebung angepasst bauen kann.

Wenn ein Neubau in eine nicht denkmalwürdige Umgebung einzufügen ist, herrscht dort unter Umständen ein wildes Durcheinander verschiedener Gebäudegrößen, Maßstäbe der Fassaden, Baumaterialien und Farben. Dann sollte das Bauvorhaben nicht an die unmittelbare Umgebung angepasst werden, sondern an orts- und landschaftstypische Vorbilder in derselben Straße, in der Stadt oder in der Region. Oder ein unmittelbarer Nachbar des Neubaus ist ein „Ausreißer". Er passt nicht ins Straßenbild, weil er vielleicht ein ganzes Geschoss höher ist als alle anderen Gebäude in der engeren Umgebung. Dann sollte das Bauvorhaben nicht dem Ausreißer angepasst und so ein weiteres zu hohes Gebäude zugelassen werden. Stattdessen ist der Neubau am Durchschnitt der näheren Umgebung auszurichten.

Die Wohnbauplanung

3

3.1 Allgemeines

3.1.1 Die Entwicklung der Bevölkerung

In den folgenden Kapiteln wird eine Stadtplanung geschildert, die der Grundregel des Kap. 2 entspricht, vor allem die vorhandenen Städte im Interesse der Urbanität und aus ökologischen Gründen zu erhalten. Alle Planungen vom allgemeinen Flächennutzungsplan bis hin zu städtebaulichen Einzelentwürfen und Bebauungsplänen sollten von der Wohnbebauung ausgehen (Kap. 3), denn daraus resultiert der Bedarf an Wohnfolgeeinrichtungen wie Läden oder Schulen, die „soziale Infrastruktur" der Stadt (Kap. 4), sowie die erforderliche technische Infrastruktur, insbesondere die Verkehrsanlagen (Kap. 5).

Ausgangspunkt jeder kommunalen Wohnbauplanung ist stets die Prognose der allgemeinen Bevölkerungsentwicklung in Deutschland. In der BRD nahm die Bevölkerung bereits vor 1989 ab. Die Zahl der Geburten lag deutlich unter der Sterbequote. In der früheren DDR war die Geburtenrate zwar höher als in Westdeutschland, ist aber nach der Wiedervereinigung Deutschlands regelrecht eingebrochen, im Allgemeinen noch unter den westdeutschen Stand. Zur Zeit wird die Bevölkerungsabnahme noch ungefähr durch Zuwanderung ausgeglichen, aber ohne Veränderung der Geburtenrate und der bisherigen Zuwanderungspraxis wird die Gesamtbevölkerung in West- und Ostdeutschland nach Prognosen der Vereinten Nationen und der OECD bis zur Mitte dieses Jahrhunderts von heute über 80 auf rund 60 Mio. sinken.

Auch die Zahl der Kinder, ohnehin seit Jahrzehnten rückläufig, wird sich nach diesen Prognosen keineswegs auf dem heutigen niedrigen Stand stabilisieren, sondern weiter abnehmen, im Mittel bis 2025 um etwa 25 %, in Regionen mit schrumpfender Bevölkerung jedoch auch mehr. Zwar ließe sich vielleicht durch eine familienfreundlichere Politik in Deutschland, etwa nach dem Vorbild Frankreichs, die Geburtenrate langfristig wieder anheben und so der Rückgang der Bevölkerung etwas abbremsen. Aber wenn die Politik sich als unfähig erweist, die dazu notwendigen Reformen etwa des Sozial- und Steuerrechts

J. Meyer, *Nachhaltige Stadt- und Verkehrsplanung*, DOI 10.1007/978-3-8348-2411-0_3,   45
© Vieweg+Teubner Verlag | Springer Fachmedien Wiesbaden 2013

durchzusetzen, ist ein weiteres Absinken der Geburtenquote und damit eine noch schnellere Bevölkerungsabnahme als heute angenommen viel wahrscheinlicher.

Hinzu kommt die zunehmende Lebenserwartung der deutschen Bevölkerung, die vor allem eine Folge des medizinischen Fortschritts ist. Deshalb wächst der Anteil der Senioren an der Gesamtbevölkerung beständig und wird sich schon bei der heutigen Lebenserwartung in drei Jahrzehnten fast verdoppeln. Dabei werden die Menschen in Deutschland ebenso wie in vielen anderen Ländern immer älter. Wenn die Entwicklung der letzten 100 Jahre sich fortsetzt, könnte schon die Hälfte der im Jahr 2060 hierzulande geborenen Kinder 100 Jahre alt werden, wie der Altersforscher James Vaupel schätzt. Die Alterung der deutschen Bevölkerung würde dann alle heutigen Prognosen noch weit übertreffen. Eine andere Bevölkerungsgruppe, die mit Sicherheit stark zunehmen wird, sind die Ausländer. Weil ihre Zahl aufgrund der wesentlich höheren Geburtenquote selbst bei noch so restriktiver Handhabung der Zuwanderung steigen wird, während die deutsche Bevölkerung abnimmt, wird der Anteil der Personen mit ausländischem Pass ähnlich schnell wachsen wie bei den Senioren.

Dabei ist räumlich zu differenzieren. Schon seit dem Beginn der Industrialisierung im 19. Jahrhundert sind die Menschen vom Land in die großen Ballungsräume gezogen, die ihnen Arbeitsmöglichkeiten boten, aber auch Bildungseinrichtungen, Ausbildungsplätze und ein großes Angebot an Läden und Dienstleistungen wie ärztliche Versorgung oder Unterhaltung. Seit der Wiedervereinigung Deutschlands ist die Bevölkerung vor allem vom Osten in den Westen gewandert, sodass die Einwohnerzahl vieler Städte und Landkreise in den neuen Bundesländern dramatisch, oft bis zu 20 % in nur 15 Jahren, abgenommen hat. Es gibt aber auch in Westdeutschland ländliche Regionen, die sich entleeren, wie die Eifel oder der Bayerische Wald, und umgekehrt im Osten Verdichtungsgebiete, zum Beispiel um Berlin oder Leipzig, wo die Bevölkerung zunimmt. In den Ballungsräumen ist eine entgegengesetzte Wanderung festzustellen. Ein erheblicher Teil der Bevölkerung wird durch hohe Bodenpreise, hohe Mieten oder Lärm und Abgase des Verkehrs aus den Großstädten in die angrenzenden Kleinstädte oder Landkreise abgedrängt. Daher nehmen je nach ihrer Lage alle Städte unterschiedlich zu oder ab. Aus den Gebietsentwicklungsplänen in den Regierungsbezirken und kommunalen Angaben (Amt für Statistik, Einwohnermeldeamt) lassen sich für jede Gemeinde die Entwicklung der Einwohnerzahl in der Vergangenheit, Geburten- und Sterbequoten, Wanderungsgewinne oder -verluste sowie eine mittelfristige Prognose dieser Daten entnehmen.

Aber wie sicher ist so ein Ergebnis? Wenn eine Gemeinde zum Beispiel die drastische Abnahme der Einwohnerzahl zu Recht als Katastrophe empfindet, kann sie nur die negative Entwicklung akzeptieren und die vielen leer stehenden Wohnungen abreißen lassen? Eindeutig nein. Die Städte haben zwar in sehr unterschiedlichem Maße, aber im Allgemeinen erhebliche Möglichkeiten, die Bevölkerungsentwicklung positiv – oder auch negativ – zu beeinflussen. Eisenhüttenstadt und Görlitz beispielsweise, beide im äußersten Osten Deutschlands, direkt an der Grenze zu Polen gelegen, waren beide infolge des weitgehenden Zusammenbruchs ihrer Industrie von einem dramatischen Einwohnerrückgang betroffen. Aber nur in einer Stadt hält er unvermindert an, während die andere 2003 den

Wendepunkt geschafft hat. In Görlitz halten sich heute Zuzüge und Fortzüge ungefähr die Waage, denn die Stadt ist sehr anziehend auch für Neubürger aus Westdeutschland. Dasselbe gilt für die Verdichtungsgebiete. Im Ballungsraum Köln-Düsseldorf beispielsweise rechnet man für Köln bis 2020 mit einem Bevölkerungswachstum von etwa 4 %, während Düsseldorf in dieser Zeit voraussichtlich eher abnehmen wird. Warum ist Köln als Wohnort offenbar attraktiver als Düsseldorf? Solche Fragen sind das zentrale Thema der folgenden Kapitel.

3.1.2   Die Zahl der Wohnungen

Der Rückgang der Einwohnerzahl bedeutet keineswegs immer auch die Abnahme des Wohnungsbedarfs in einer Stadt, denn die Zahl der benötigten Wohnungen ergibt sich aus dem Quotienten Einwohner: mittlere Haushaltsgröße. Die durchschnittliche Personenzahl je Haushalt (Einwohner pro Wohneinheit) ist im vergangenen Jahrhundert in Deutschland beständig gesunken. 1900 betrug sie noch 4,5, nach dem Ersten Weltkrieg rund 4, nach dem Zweiten Weltkrieg knapp 3 (nur BRD) und lag im Jahr 2000 bei 2,2. Diese Entwicklung wurde vor allem durch die stark abnehmenden Geburtenzahlen und den wachsenden Anteil älterer Menschen verursacht. Daneben spielt aber auch der Bedeutungsverlust der Familie in unserer Gesellschaft eine große Rolle. Man denke etwa an das zunehmende Separierungsbedürfnis der heranwachsenden Jugendlichen, die immer früher eine eigene Wohnung suchen, oder an die Paare, die ihre getrennten Wohnungen behalten.

Andererseits gibt es seit den 70er Jahren des letzten Jahrhunderts eine gegenläufige Entwicklung zur abnehmenden Haushaltsgröße: die Bildung von Wohngemeinschaften. Ursprünglich als bewusster Gegenentwurf zur bürgerlichen Familie gedacht, haben sie sich inzwischen allgemein zur Zweck-WG gewandelt, zum Beispiel für Studenten, Auszubildende oder Rentner. 1990 betrug der Anteil bereits über 5 %, heute (geschätzt) etwa 9 % aller Mehrpersonenhaushalte, mit weiter steigender Tendenz. Aber diese Entwicklung ist in den oben genannten durchschnittlichen Haushaltsgrößen bereits mitgerechnet.

Auch hier ist wieder räumlich zu differenzieren. Auf dem Land liegt die durchschnittliche Haushaltsgröße noch zwischen 3,0 und 2,5, in Kleinstädten zwischen 2,5 und 2,0 und in Großstädten um 2,0. So bestehen in Düsseldorf über 60 % aller Haushalte aus einer Person, etwa 20 % aus zwei Personen und weniger als 20 % aus drei und mehr Personen. Auch innerhalb einer Gemeinde differiert die Wohnungsbelegungsziffer meist erheblich. In Einfamilienhausgebieten ist sie regelmäßig höher als in Mehrfamilienhäusern. Selbst innerhalb eines Wohngebiets schwankt sie im Laufe der Zeit. In einem Neubauviertel etwa steigt sie im Allgemeinen wegen des Wachstums der Familien zunächst 5–10 Jahre, fällt dann in dem Maße, wie die Kinder aus dem elterlichen Haushalt ausziehen, und steigt erst wieder, wenn die ältere Generation die Wohnungen verlässt. Daher ist auch die Entwicklung der Haushaltsgröße zur Bestimmung des Wohnungsbedarfs für jede Gemeinde gesondert zu ermitteln (Quelle: Einwohnermeldeamt, in Großstädten das Amt für Statistik).

Die Entwicklung der Bevölkerung und der Haushaltsgröße wirken in Bezug auf den Wohnungsbedarf entgegengesetzt. Weniger Einwohner benötigen weniger Wohnungen, aber eine sinkende Haushaltsgröße bedeutet mehr Wohnungsbedarf. Wie der Mikrozensus des statistischen Bundesamtes zeigt, ging die Zahl der in einem Haushalt lebenden Personen von Anfang der 1990er Jahre bis 2004 in Westdeutschland um 11 %, in Ostdeutschland um 8 % und im Durchschnitt um rund 10 % zurück. Da die Bevölkerung in diesem Zeitraum noch kaum abgenommen hat, ergab sich daraus bisher ein erheblicher Bedarf an Neubauwohnungen, Anfang der 1990er Jahre noch über 500.000 pro Jahr. Weil aber in Zukunft die Bevölkerung abnehmen wird, und zwar immer schneller, geht auch der zusätzliche Wohnungsbedarf stark zurück. Im Jahr 2005 betrug er nur noch rund 200.000, und um 2015 oder früher wird er voraussichtlich den Nullpunkt erreichen. Für jede neue Wohnung wird dann eine andere leer stehen oder abgerissen werden müssen.

Auch hier ist wieder räumlich zu differenzieren. Schon heute, bei insgesamt noch erheblichem Neubaubedarf, gibt es in vielen Gemeinden bereits ein Überangebot an Wohnungen, besonders bei stark abnehmender Bevölkerung. So hat eine Leerstandskommission des Bundesbauministeriums allein in den neuen Bundesländern über eine Million leer stehende Wohnungen ermittelt. Deshalb ist der Wohnungsbedarf für jede Gemeinde gesondert aus der örtlichen Entwicklung der Bevölkerung und der Haushaltsgröße zu bestimmen. Wenn zum Beispiel in einer Stadt in den letzten Jahren Einwohnerzahl und Haushaltsgröße in ungefähr gleichem Maß abgenommen haben, kann auch für die nächsten Jahre von keinem nennenswerten Neubaubedarf ausgegangen werden. Das trifft u. a. auf die meisten Städte im Ruhrgebiet zu. Trotz eines deutlichen Bevölkerungsrückgangs gab es dort bisher keine gravierenden Leerstände, allerdings auch keinen größeren Neubaubedarf. Ist dagegen die Bevölkerungsabnahme geringer als die der Haushaltsgröße oder nimmt die Einwohnerzahl gar zu, steigt der Wohnungsbedarf. Deshalb werden in vielen Gemeinden in West- und Ostdeutschland trotz leicht abnehmender Bevölkerung neue Wohnungen benötigt. Übertrifft schließlich der Bevölkerungsrückgang den der Haushaltsgröße, werden weniger Wohnungen gebraucht und die Leerstände nehmen zu.

3.1.3 Die Größe der Wohnungen

Besteht in einer Gemeinde Neubaubedarf, stellt sich als Nächstes die Frage nach Größe und Zimmerzahl der neuen Wohnungen. Die Wohnfläche pro Person (Flächenquote, gemessen in m^2/EW) ist seit dem Ende des Zweiten Weltkriegs in Deutschland erheblich gestiegen, von 20,5 m^2 Anfang der 1950er Jahre über 36 m^2 vor 1989 (nur Westdeutschland) auf heute rund 42 m^2. Die Angaben beziehen sich auf die Nettowohnfläche (NWF). Das ist die Summe aller Räume einer Wohnung, also beispielsweise in einem Mehrfamilienhaus ohne Treppenhaus, Keller und Konstruktionsflächen. Eine wesentliche Ursache für das Wachstum der Flächenquote waren die großen Einkommenssteigerungen der Vergangenheit, die zu höheren Wohnansprüchen führten. Wenn in Zukunft die Einkommen nicht mehr in demselben Maß zunehmen, wird vermutlich auch das Wachstum der Flächenquote abgebremst werden.

Weiter ist die Flächenquote nach der Haushaltsgröße zu differenzieren. Eine alleinstehende Person benötigt mindestens eine Ein-Raum-Wohnung, die im Mittel 35 m² NWF besitzt. Während das noch vor wenigen Jahren vielen ausreichend erschien, verlangen heute die meisten Singles mindestens ein kleines zusätzliches Schlafzimmer. Anderthalb-Zimmer-Wohnungen sind im Mittel 45 m² groß. Vorhandene Ein-Raum-Apartments werden bei begrenzter Nutzungsdauer (Studenten, Azubis…) auch heute noch angenommen. In Neubauten sollten aber besser nur noch Anderthalb-Zimmer-Wohnungen geplant werden. Zwei-Personen-Haushalte benötigen mindestens eine Zwei-Raum-Wohnung, die im Mittel 55–60 m² misst. Das entspricht rund 30 m²/Person. Bei den Wohnungen für Familien sind in den letzten Jahrzehnten insbesondere die Ansprüche an die Kinderzimmer gestiegen. Heute ist allgemein anerkannt, dass jedes Kind zumindest vom Beginn der Pubertät an ein eigenes Zimmer haben sollte. Auch die durchschnittliche Größe der Kinderzimmer hat deutlich zugenommen. Drei-Personen-Haushalte benötigen daher mindestens eine Drei-Raum-Wohnung von ca. 75 bis 80 m² Größe, was ungefähr 27 m²/Person entspricht, Vier-Personen-Haushalte mindestens eine Vier-Raum-Wohnung von ca. 95 bis 100 m² NWF = 25 m²/Person, oder besser ein kleines Einfamilienhaus, Größe im Mittel 120–125 m² = mindestens 30 m²/Person. Die Flächenquote sinkt also mit zunehmender Personenzahl im Haushalt. Eine weitere Ursache für das starke Wachstum der Flächenquote in Deutschland ist deshalb die beständige Abnahme der Haushaltsgröße.

Ein letzter Grund für den Anstieg der Flächenquote sind die in der Regel fehlenden Möglichkeiten, vorhandene Wohnungen geänderten Bedürfnissen anpassen zu können. Da beispielsweise die meisten Einfamilienhäuser nicht teilbar sind, wohnen im Allgemeinen, wenn die Kinder den elterlichen Haushalt verlassen haben, nur noch zwei, am Ende oft nur noch eine ältere Person in 4–5 Räumen mit 145 m² NWF oder mehr. Diese Fälle werden in Zukunft deutlich zunehmen, da der Anteil der Senioren an der Bevölkerung wie schon gesagt stark steigt. Mehr noch: Stabile Wohnbiografien, dass jemand bis ins hohe Alter in demselben Haus bleibt, werden immer seltener und erscheinen heute schon als beneidenswerte Ausnahme. Entweder erfordert der Verlust des Arbeitsplatzes einen Ortswechsel, oder die Trennung der Ehe- oder Lebenspartner macht einen Neuanfang notwendig. Deshalb ist ebenso wichtig wie die richtige Aufschlüsselung des Neubauangebots nach Zimmerzahl und Größe, dass die Wohnungen sich veränderten Bedürfnissen besser als bisher anpassen lassen; Näheres in Abschn. 3.2–3.3.

Da sich der Bedarf immer mehr zu den Wohnungen für 1–2 Personen hin verlagert, sind in Gemeinden mit geringem Neubauvolumen Baulückenschließungen in überwiegend bebauten Gebieten ausreichend, die nur Anderthalb- bis Drei-Raum-Wohnungen enthalten sollten. In Orten mit erheblichem Neubaubedarf kann bei größeren Bauvorhaben wie der Planung eines neuen Wohngebiets für die Mischung der verschiedenen Wohnungsgrößen von dem Verhältnis der Ein-, Zwei- und Mehrpersonenhaushalte in der Stadt ausgegangen werden oder, wenn diese Daten nicht greifbar sind, ungefähr 75–80 % kleinere Wohnungen mit bis zu 3 Räumen und 20–25 % größere Wohnungen mit 4–5 Räumen angenommen werden. – Schließlich erfordern städtebauliche Planungen und Hochbauentwürfe regelmäßig die Umrechnung des Bedarfs an Nettowohnfläche (NWF) in die zu planende Bruttogeschossfläche (BGF). Die BGF ergibt sich aus den Außenmaßen eines Baukörpers, enthält also außer der NWF die sonstigen Nutzflächen, zum Beispiel das Treppenhaus in einem Mehrfamilienhaus, und die Flächen des Mauerwerks. Die BGF ist bei Neubauten im Durchschnitt rund ein Drittel größer als die NWF, die NWF im Mittel ein Viertel kleiner als die BGF.

3.1.4 Die Lage der Wohnungen

Nachdem man den Gesamtwohnbedarf einer Gemeinde ermittelt hat, ist weiter nach Kap. 2 zu differenzieren. Danach sind in erster Linie die denkmalgeschützten Wohngebäude zu erhalten. Selbst bei abnehmendem Wohnbedarf, wie vielerorts in Deutschland, sollte der Instandsetzung und Instandhaltung der Baudenkmäler oberste Priorität eingeräumt werden, wie beispielsweise in Görlitz: Trotz der extrem hohen Bevölkerungsverluste wurden dort nach und nach mehrere Tausend Baudenkmäler instand gesetzt, obwohl es am Anfang kaum Nachfrage danach gab. Dass die Stadt inzwischen, wie schon berichtet, den Abwanderungstrend durchbrochen hat, ist vor allem der vorzüglichen Restaurierung der Altstadt zu danken.

Daneben ist zweitens der Erhaltung der übrigen Wohngebäude Vorrang vor Neubauten einzuräumen. Mit Erhaltungsmaßnahmen ist hier nicht nur die Reparatur von Bauteilen gemeint, – wobei die laufende Beseitigung von Bauschäden, solange sie noch unerheblich sind, ökonomischer ist als die gelegentliche Runderneuerung eines Hauses -, sondern auch die Modernisierung von Altbauten, zum Beispiel der Einbau von Toiletten und Bädern oder Energiesparmaßnahmen bei älteren Wohnhäusern. Mit einer Einschränkung: Bei abnehmendem Bedarf an Wohnungen, wie in den meisten Regionen Ostdeutschlands, sollte der Wohnungsüberhang – nicht unbedingt identisch mit der Zahl der Leerstände, s. Abschn. 3.1.2 – nicht erhalten oder gar aufwändig in Stand gesetzt, sondern „zurückgebaut" werden. Aber welche Wohnungen sind vorrangig abzubrechen? Es ist sicher richtig, dort zu beginnen, wo es die meisten Leerstände gibt, also in Ostdeutschland regelmäßig bei den Plattenbauten der früheren DDR, die heute mancherorts schon bis zu 70 % leer stehen. Auch sollten die Abbrüche nicht über die ganze Stadt verteilt, sondern an wenigen Stellen konzentriert werden und von außen nach innen erfolgen, das heißt am Stadtrand zuerst, im Zentrum zuletzt. Schließlich ist ein juristischer Aspekt für den Abriss von ausschlaggebender Bedeutung: Wohnungen im Streubesitz zahlreicher privater Eigentümer abzubrechen ist rechtlich und politisch äußerst schwierig und kostspielig; das ist bei Wohnanlagen, die nur einem Bauträger gehören, möglichst im Eigentum der Gemeinde stehen, zumindest viel einfacher.

Drittens sind bei wachsendem Wohnungsbedarf Neubauten im Stadtkern oder in zentrumsnahen Altbaugebieten zu planen. Neuer Bedarf entsteht aber wie gezeigt nicht nur bei zunehmender Bevölkerung. Erstmals seit Jahrzehnten wächst wieder die Gruppe derer, die mitten im Geschehen und nicht irgendwo einsam in der Vorstadt wohnen möchten. Es sind vor allem Ältere, die Woopies (*well-off older people*), die sich von ihren nach dem

Auszug der Kinder viel zu großen Einfamilienhäusern mit Gärten, deren Pflege ihre Kräfte zunehmend übersteigt, trennen und lieber dorthin ziehen möchten, wo es ein vielfältiges Angebot an Läden und Dienstleistungen wie gute ärztliche Versorgung und Kulturveranstaltungen gleich um die Ecke gibt. Bereits jeder dritte Deutsche über 50 favorisiert das urbane Leben, wie das Bochumer Institut für Wohnungswesen ermittelt hat, und die Zahl der Senioren wächst wie schon gesagt sehr schnell.

Doch nicht nur ältere Personen zieht es zurück in die Stadtmitte. Das Haus im Grünen war immer gekoppelt an den Wunsch nach einem Leben als Familie mit Kindern. Je mehr kinderlose Paare und Singles es gibt, je mehr (Ehe)partner sich trennen, desto mehr verblasst der Traum vom Wohnen im Grünen. Zudem macht sich der steigende Benzinpreis bemerkbar. Vielen frisst das Hin und Her zwischen Heim und Arbeitsplatz auch zu viel Zeit. Selbst für Familien mit Kindern bietet das Wohnen im Zentrum oft mehr Vor- als Nachteile, zum Beispiel für die schnell wachsende Zahl der Alleinerziehenden mit einem oder mehreren Kindern, die inzwischen mit rund einem Drittel aller Familien in Deutschland längst keine Randgruppe mehr sind. Beruf und Kinder lassen sich für sie nur vereinbaren, wenn Arbeitsplatz, Kindergarten und alle zur Versorgung der Familie erforderlichen Ziele nahe beieinander liegen. Das ist in der Regel nur in der Innenstadt möglich, selten dagegen in einem peripheren Wohngebiet.

Wie stark der neue Trend zurück in die Stadt ist, vermag zurzeit noch niemand zu sagen. Klar ist aber, dass er schneller wächst als irgendeine gesellschaftliche Gruppe, und dass es dabei von Stadt zu Stadt große Unterschiede gibt. Während Orte mit besonders attraktiven Innenstädten wie Freiburg im Breisgau oder Tübingen mit einer Bevölkerungszunahme von über 5 % bis 2020 rechnen, dauert bei vielen anderen Gemeinden die Stadtflucht noch unvermindert an. Jeder Ort sollte aber für alle, die zurück in die Stadtmitte wollen, ausreichend Neubauwohnungen in zentraler Lage schaffen. Je mehr Leben ins Zentrum zurückkehrt, desto mehr wird der neue Trend zunehmen.

Bei größerem Neubaubedarf werden in vielen Städten Baulückenschließungen und die Nachverdichtung im Inneren tiefer Baublöcke allein nicht ausreichen. Dann sollten vor allem nicht mehr oder nur noch extensiv genutzte innerstädtische Flächen einer neuen baulichen Nutzung zugeführt werden, wie die riesigen Industriebrachen im Ruhrgebiet, die heute bereits über 20 % aller Industrieflächen ausmachen. In den neuen Bundesländern ist der Anteil der Brachflächen wegen des weitgehenden Zusammenbruchs der Industrie oft noch höher. Oder man denke an nicht mehr benötigte innerstädtische Gleisanlagen und Güterbahnhöfe der Deutschen Bahn, oder an aufgegebene Standorte des Militärs, Kasernen und Flugplätze. Bauflächen gibt es im Allgemeinen mehr als genug. Allein in Nordrhein-Westfalen werden für über 50.000 ha innerstädtisches Brachland händeringend Perspektiven gesucht. Hinzu kommt, dass zwar viele der Stadtrückkehrer die Vielfalt der Nutzungen, das Leben, die Läden und Gaststätten suchen, aber natürlich nicht direkt an einer Hauptverkehrsstraße oder über einer Kneipe wohnen möchten. Sie wollen lieber unter ihresgleichen bleiben und die urbanen Gegensätze aus etwas größerer Entfernung erleben. Auch dieser Wunsch lässt sich mit größeren, gleichwohl innenstadtnahen Bauflächen, mit Wohnanlagen für gehobene Ansprüche in ruhiger, grüner Lage erfüllen.

Viertens Neubauten in sonstigen, nicht zentral gelegenen Gebieten: Selbst wenn dafür in einer Gemeinde absolut kein Bedarf gegeben ist, lassen sich auch Neubauten am Stadtrand nicht verhindern. Gibt es für ein Bauvorhaben einen Bebauungsplan, hat der Grundeigentümer einen Rechtsanspruch darauf, im Rahmen der Festsetzungen des Plans zu bauen. Ein Widerruf des Rechtsanspruchs etwa durch die Aufhebung oder Änderung des Bebauungsplans ist praktisch unmöglich. Er würde die Gemeinde zum Schadensersatz an die betroffenen Eigentümer für jede Einschränkung der Bebaubarkeit ihrer Grundstücke verpflichten. Auch ohne Bebauungsplan darf ein Grundeigentümer im Rahmen des § 34 BauGB bauen (vgl. Abschn. 2.2–2.4). Aber viele Gemeinden wollen eine weitere Ausdehnung der Siedlungsflächen auch gar nicht verhindern; im Gegenteil: Je mehr die Bevölkerung abnimmt oder abzunehmen droht, umso verbissener kämpfen sie um jeden Einwohner durch großzügige Ausweisung neuer Baugebiete, in der Annahme, dadurch die Bodenpreise senken und neue Einwohner gewinnen zu können.

Doch das dürfte sich als Irrtum erweisen. Es liegt weniger daran, dass die Bundesregierung endlich die Bauherrenförderung gestrichen hat, wodurch bisher die Zersiedlung des Landes mit zweistelligen Milliardenbeträgen pro Jahr zusätzlich angeheizt wurde. Es ist vor allem der geschilderte neue Trend zurück in die Stadt, wodurch der Wert der Wohnimmobilien in den äußeren Stadtteilen sinken wird. Die Abwärtsbewegung der Grundstückspreise könnte durch ein Überangebot an Neubauten noch verstärkt werden, ebenso durch den zu erwartenden Rückgang der Bevölkerung, der ziemlich sicher auch auf Westdeutschland zukommt. Spätestens in 10 Jahren dürften sich viele Eigenheime im Grünen im Osten und Westen des Landes nur noch schwer – wenn überhaupt – verkaufen lassen. Wer heute noch ein Einfamilienhaus am Stadtrand baut oder erwirbt, geht zumindest ein großes finanzielles Risiko ein. Auch für die Gemeinde stellt jedes leerstehende Gebäude oder unbebaute Grundstück eine finanzielle Belastung dar, weil dadurch außer einer geringen Grundsteuer keine Einnahmen entstehen, während die Ausgaben für die Herstellung und den Erhalt der technischen Infrastruktur wie Ver- und Entsorgungsleitungen und Straßennetz kaum geringer sind als bei genutzten Grundstücken.

3.2   Einfamilienhäuser

3.2.1   Allgemeines

Gibt es in einer Stadt Neubaubedarf, fragt sich weiter, wie viel davon Einfamilienhäuser (EFH) und wie viel Wohnungen in Mehrfamilienhäusern (MFH) sein sollen. Das Einfamilienhaus entspricht dem Wunsch der Gesellschaft nach immer mehr individueller Freiheit und Selbstbestimmung am besten. Der Bauherr kann sein Haus nach seinen Wünschen und Bedürfnissen planen, zum Beispiel Größe und Ausstattungsstandard bestimmen oder nachträglich Dach und Keller ausbauen sowie die Umgebung des Hauses, Garten und Eingang nach seinen Vorstellungen nutzen und gestalten. Die Folge dieser Möglichkeiten zur Mitgestaltung ist ein Zugehörigkeitsgefühl zum Haus („Identifikation"), ist letztlich Selbstverwirklichung. Besonders für Kinder ist das EFH optimal. Es bietet weit mehr Freiheiten als die Geschosswohnung, zu spielen, auch mal toben zu dürfen und sich zu entfalten. Auch unter dem Aspekt der Beaufsichtigung kleiner Kinder beim Spielen im eigenen, eingezäunten Garten ist das EFH besser. Deshalb ergeben Meinungsumfragen immer wieder, dass 80–90 % der Bevölkerung am liebsten in einem Einfamilienhaus wohnen möchten.

Andererseits besitzen EFH bis heute in der Regel vier und mehr Räume. Der Bedarf an so großen Wohnungen beträgt jedoch wegen der beständig abnehmenden Haushaltsgröße wie schon gesagt höchstens noch 25 % der Neubauten. Deshalb sind nicht nur EFH für Familien mit Kindern anzustreben, sondern auch kleinere Hausformen für die vielen Haushalte mit 1–2 Personen, die möglichst dieselbe Freiheit und Unabhängigkeit des Wohnens wie größere EFH bieten. Obwohl nicht für Familien mit Kindern gedacht, werden auch diese kleineren Häuser wie allgemein üblich in diesem Abschnitt als Einfamilien(!)häuser bezeichnet. Die Möglichkeiten, den Grundriss zu verändern, differieren von Haustyp zu Haustyp ganz erheblich und werden im Folgenden differenziert dargestellt.

Die Freiheit der Gestaltung von EFH wird durch die vorhandene gebaute Umgebung eingeschränkt. Wie in Abschn. 2.2–2.4 eingehend behandelt, sind Neubauten stets dem Baugebiet, dem Straßenraum und den umgebenden Gebäuden anzupassen, und außerhalb eines bebauten Zusammenhangs, in unverbauter Landschaft, ist fast kein Bauvorhaben zulässig. Aber auch das Maß der erforderlichen Einordnung in die bauliche Umgebung ist von Haustyp zu Haustyp verschieden und wird daher im Folgenden differenziert zu betrachten sein. Schließlich ist ebenso wichtig wie die Wahl der günstigsten Hausform, dass der Bewohner Eigentümer, nicht nur Mieter seines EFH ist. Die Freiheit, Wohnung und Wohnungsumgebung selbst mitgestalten zu können, hat letztlich nur der Eigentümer eines Hauses, denn sonst wird bei wertsteigernden Veränderungen der Mieter seine Investitionen als mindestens teilweise verloren betrachten müssen, wenn er auszieht, oder bei nicht wertsteigernden Veränderungen wird der Hauseigentümer häufig dagegen sein.

Den Vorteilen der Einfamilienhäuser stehen jedoch auch gravierende Nachteile gegenüber. So sind EFH immer wesentlich teurer als gleich große Wohnungen in einem Mehrfamilienhaus sowohl in den Grundstücks- als auch in den Bau- und Unterhaltungskosten; zunächst die Baukosten: Diese hängen im Wesentlichen von der Kubatur (cbm umbauter Raum) ab. Das Verhältnis des umbauten Raums zur Nettowohnfläche aber ist im EFH generell ungünstiger als in MFH. Andererseits gibt es auch hier große Unterschiede zwischen den verschiedenen EFH-Formen, die im Folgenden dargestellt werden, sodass die Relation Kubatur zu Wohnfläche in EFH über 10:1 und in MFH unter 4:1 betragen kann. Entsprechend stark differiert der Preis für 1 m² Wohnfläche.

Ferner hängen die Baukosten von dem Verhältnis Wohnfläche zu Außenfläche des Gebäudes ab, denn Fenster, Türen und Verkleidungen machen Fassaden teuer. Der Außenwandanteil aber ist bei MFH generell niedriger als bei EFH und variiert auch bei EFH erheblich, was im Folgenden nach Hausformen differenziert dargestellt wird. Schließlich sind EFH teurer als ebenso große Wohnungen in MFH, weil der Rohbau- und Ausbaustandard im Allgemeinen höher ist. Die Fassaden beispielsweise werden aufwändiger gestaltet oder besser wärmegedämmt. Oder die Nassräume sind zahlreicher und größer. Andererseits kann der Bauherr eines EFH durch Eigenleistung oder kostensparende Mithilfe von Bekannten („Schwarzarbeit") die Baukosten senken, was bei MFH im Allgemeinen nicht möglich ist.

Auch die Grundstückskosten als Nächstes sind wegen des größeren Baulandbedarfs bei EFH immer wesentlich höher als bei MFH. Mit der Grundstücksgröße steigen auch die Grundstücksnebenkosten, etwa für Vermessung und Notar, sowie die Erschließungskosten für den Bau der Straßen, Kanäle und Versorgungsleitungen. Andererseits differiert der Baulandbedarf bei den verschiedenen Formen der EFH ganz erheblich. Um die unterschiedlichen Grundstücks- und Erschließungskosten bei Ein- und Mehrfamilienhäusern besser vergleichen zu können, wird in den beiden folgenden Abschnitten bei den verschiedenen Hausformen stets die erreichbare Dichte in Wohneinheiten je Hektar Nettowohnbauland (WE/ha NWB) angegeben. Nettowohnbauland ist die Summe aller Wohngrundstücke eines Gebiets plus Nebenflächen wie Garagenhöfe, Sammelstellplätze und private Gemeinschaftsgrünanlagen. In der Fachliteratur wird die Zahl der Wohneinheiten auch häufig auf das Bruttobaugebiet bezogen, das neben dem Nettobauland ferner die öffentlichen örtlichen Verkehrs- und Grünflächen umfasst. Beim Vergleich der Dichteangaben hier und in anderen Quellen ist daher stets zu prüfen, ob dieselbe Definition der Dichte gemeint ist.

Schließlich die Kosten der Bauunterhaltung: Hier sind insbesondere die in den letzten Jahren stark gestiegenen Energiekosten für die Gebäudeheizung zu bedenken. Auch beim Wärmebedarf weisen Ein- und Mehrfamilienhäuser sowie die verschiedenen Formen der EFH große Unterschiede auf. Aber wie schon in Abschn. 1.3.2 näher ausgeführt, kommt es dabei weniger auf die Hausformen an als auf die Kompaktheit der Baumassen, die Bauweise, ob also Einzelgebäude, Doppelhaus, Hauszeile oder geschlossene Blockbebauung, sowie auf die Lage in der Stadt. So ist es möglich, dass eine innerstädtische Baulückenschließung mit den gesetzlich vorgeschriebenen Energieeinsparmaßnahmen einen geringeren Wärmeverlust aufweist als eine Ökosiedlung am Stadtrand mit Solarkollektoren und aufwändiger Niedrigenergietechnik.

3.2.2 Aufgelockerte Bauweisen

Wie sind nun nach diesen allgemeinen Überlegungen zu Einfamilienhäusern die heute gebräuchlichen Hausformen zu bewerten? Zunächst die freistehenden EFH: Zu unterscheiden sind eingeschossige Wohnhäuser, zumeist in Rechteck- oder L-Form, und eingeschossige mit ausgebautem Steildach, wobei sich regelmäßig im Erdgeschoss der Wohnteil und im Dachgeschoss die Schlafzimmer befinden („anderthalbgeschossige" EFH). Die Vorteile dieses Haustyps sind optimale Freiheit in der Gestaltung des Hauses und des Gartens, auch bei nachträglichen Anpassungen des Grundrisses an veränderte Bedürfnisse. So ist es kein Problem, ein Haus nur für 1–2 Personen zu entwerfen, etwa für ein gut verdienendes Paar ohne Kinder, oder durch nachträglichen Dachausbau ein weiteres Schlafzimmer für einen unerwarteten Familienzuwachs zu schaffen. Auch die Unabhängigkeit von den Nachbarn,

Sicht- und Lärmschutzmöglichkeiten sind gut. Wie bereits in Abschn. 2.4 behandelt, sind wesentlich höhere Abweichungen von den Nachbarn zulässig als bei geschlossener Bauweise. Insgesamt bietet dieser Haustyp daher ein Höchstmaß an individueller Freiheit selbst unter den EFH.

Diesen großen Vorzügen stehen jedoch auch gravierende Nachteile gegenüber; zunächst die Baukosten: Wegen der geringen Geschosszahl ist das Verhältnis Kubatur zu Wohnfläche extrem ungünstig. Bei einem voll unterkellerten „Bungalow" mit Walmdach etwa beträgt die Relation ungefähr 10:1. Zum Vergleich: Bei zweigeschossigen Reihenhäusern (s. u.) liegt dieser Wert um 6:1. Bedenkt man ferner, dass auch der Rohbau- und Ausbaustandard bei diesem Haustyp meist besonders hoch ist, können die Kosten eines Quadratmeters Wohnfläche doppelt so hoch sein wie bei einem preiswerten Reihenhaus. Ähnliches gilt für die Unterhaltungskosten, da auch die Heizkosten wegen der großen Außenflächen extrem hoch sind.

Als Nächstes die Grundstückskosten: Aus den gebräuchlichen Abmessungen der Baukörper und Gebäudeabstandsbestimmungen (s. Abschn. 2.3.4, 5) ergibt sich eine Grundstücksgröße von möglichst nicht unter 20 × 35 m=mindestens 700 m². Bei den heute üblichen Bodenpreisen erreichen deshalb die Grundstückskosten bei diesem Haustyp oft die Höhe der Baukosten, die ja ebenfalls extrem hoch sind. Auch wird der große Garten vielfach zu einer Quelle kaum noch zu bewältigender Arbeit. Deshalb liegen die Grundstücke heute zumeist an der Untergrenze des baurechtlich Erlaubten (ca. 400–500 m²). Damit gehen jedoch die oben geschilderten Vorteile teilweise verloren. Da die Häuser so dicht aneinander rücken, muss die äußere Erscheinung abgestimmt und die Freiheit zu individueller Gestaltung eingeschränkt werden. Auch die Unabhängigkeit von den Nachbarn ist erheblich gemindert, weil die Häuser fast mitten auf den kleinen Grundstücken stehen, die von allen Seiten einsehbar sind und von denen ein unverhältnismäßig großer Teil als Vorgarten und Bauwich wenig Nutzen bringt.

Infolge der großen Grundstücke weisen ausschließlich mit freistehenden EFH bebaute Gebiete im Allgemeinen eine Dichte von nur 10–20 oder rund 15 WE/ha auf. Welche Dichte als Basis der erforderlichen Infrastruktur mindestens erforderlich ist, lässt sich zwar nicht generell sagen, aber wie Kap. 4 zeigen wird, sind 15 WE/ha auf jeden Fall zu wenig. Daher ist dieser Haustyp nur für Lückenschließungen zwischen ein- bis anderthalbgeschossigen Gebäuden in offener Bauweise geeignet und für Bauherren, die bereit sind, wesentlich mehr Geld für einen individuellen Architektenentwurf auszugeben, keinesfalls aber für ganze Neubaugebiete, und schon gar nicht, wie früher üblich, als Kleinsiedlung im Grünen. Ferner sollte, wie schon gesagt, die Erhaltung vorhandener Gebäude immer Vorrang vor Neubauten besitzen. Schon heute gibt es in vielen Orten ein Überangebot an freistehenden EFH mit deutlich zunehmender Tendenz. Wer deshalb in einem freistehenden EFH wohnen möchte, sollte versuchen, ein älteres Haus in zentraler Lage, zum Beispiel eine Villa aus der Gründerzeit vor dem Ersten Weltkrieg, zu erwerben und gegebenenfalls umzubauen. So entstehen oft sehr individuelle und interessante bauliche Lösungen.

Um die hohen Bau- und Grundstückskosten zu senken, werden die Grundstücke für freistehende EFH oft geteilt. So entsteht das freistehende Doppelhaus, bei dem jede Haushälfte auf einer Seite wie bei geschlossener Bauweise auf der Grenze steht und direkt an den Nachbarn angebaut ist, während die andere Seite wie bei offener Bauweise einen Grenzabstand einhält. Auf der Abstandfläche befinden sich in der Regel eine Garage und ein 2. Stellplatz davor, wie es für jedes EFH vorgeschrieben ist (s. Abschn. 5.4.2). Nach Baunutzungsverordnung handelt es sich dabei um offene Bauweise (s. Abschn. 2.3.5), in der Praxis wird sie zumeist als halboffene Bauweise bezeichnet. Jede Doppelhaushälfte enthält ein separates EFH, das bei anderthalbgeschossigen Gebäuden mindestens 5 m breit, bei eingeschossiger Bebauung etwa doppelt so breit sein muss, um mindestens eine Drei-Raum-Wohnung zu ergeben. Eine Abwandlung des Doppelhauses stellt das Kettenhaus dar. Dabei werden bei einer Doppelhaushälfte die Seiten vertauscht, sodass die Reihenfolge nun lautet: Grenze – Garage – Wohnhaus – Grenze – Garage – Wohnhaus (usw.). Nach Baunutzungsverordnung handelt es sich diesmal nicht um offene, sondern um eine abweichende Bauweise (s. Abschn. 2.3.5). Wenn also ein Bebauungsplan für ein Bauvorhaben offene Bauweise vorschreibt, sind Kettenhäuser an dieser Stelle nicht zulässig.

Ein Vorteil der Doppel- und Kettenhäuser gegenüber dem freistehenden Einzelhaus besteht in dem wesentlich geringeren Baulandbedarf. Grundstücks- und Erschließungskosten können bis zu 50 % niedriger sein, die Verdichtung dementsprechend bis zu 100 % höher. Das entspricht einer mittleren Dichte von rund 30 WE/ha. Auch die Bau- und Unterhaltungskosten sind bei Doppelhäusern deutlich niedriger als bei freistehenden EFH, insbesondere weil infolge der gemeinsamen Giebelwand die Außenflächen kleiner sind. Das gilt allerdings weniger für Kettenhäuser. Ein Nachteil des Doppelhauses gegenüber dem Einzelhaus besteht darin, dass die Freiheit der äußeren Gestaltung dadurch eingeschränkt wird, dass eine einheitliche Gestaltung der beiden Haushälften anzustreben ist. Sie müssen nicht unbedingt spiegelgleich sein, wie allgemein üblich, sollten aber schon zum Beispiel von einem Architekten als eine Einheit entworfen werden. Bei Kettenhäusern ist dagegen infolge der Trennung der Wohngebäude durch die Garagen eine stärkere Differenzierung der Häuser möglich. Eine Abstimmung ihrer äußeren Erscheinung ist gleichwohl anzustreben. Weiter ist die Unabhängigkeit der Nachbarn im Doppelhaus deutlich vermindert, beispielsweise durch die gemeinsame Giebelmauer (Schallübertragung) oder durch das unmittelbare Nebeneinander der Terrassen und der Hauseingänge. Auch hier ist das Kettenhaus günstiger. Die gemeinsame Giebelwand fehlt, und die Terrassen können durch Garagen oder Abstellräume für Gartengeräte etc. besser getrennt werden.

Das Doppelhaus kommt deshalb überall in Frage, wo das freistehende Einzelhaus zwar möglich, aber zu teuer ist: in Baulücken zwischen niedriger Bebauung in offener Bauweise. Kettenhäuser werden in der Regel in größeren Gruppen geplant. Das erfordert entsprechend größere Baulücken, die in überwiegend bebauten Gebieten sehr viel seltener vorkommen. Deshalb ist der Anwendungsbereich der Kettenhäuser trotz mancher Vorteile gegenüber dem Doppelhaus ziemlich begrenzt. Schließlich sind Doppelhäuser auch geeignet für kleinere, nahe bei der Ortsmitte gelegenen Neubaugebiete in Dörfern oder Kleinstädten, wo es wegen der geringen Bautätigkeit (fast) nur noch Einzelbauvorhaben gibt, die mit freistehenden Häusern technisch am einfachsten durchzuführen sind. Kettenhäuser kommen dafür als eine eher kollektive Bauform weniger in Betracht.

3.2.3 Reihenhäuser

Im Gegensatz zu den aufgelockerten Bauweisen sind Reihenhäuser (RH) ohne seitliche Grenzabstände wie bei geschlossener Bauweise direkt aneinander gebaut. Genau genommen handelt es sich jedoch nur bei den Mittelhäusern einer Zeile um geschlossene, bei den Reihenendhäusern dagegen um (halb)offene Bauweise und bei stark gegliederten Grundrissen, etwa in L- oder Z-Form, um die abweichende Bauweise (s. Abschn. 2.3.5). Weiter sind zu unterscheiden: Eingeschossige RH ohne oder mit Hanggeschoss oder Dachgeschoss (= „anderthalbgeschossige" RH) sowie zwei- bis zweieinhalbgeschossige RH; zunächst die ein- bis anderthalbgeschossigen Hausformen: Sie bieten fast alle Vorteile der freistehenden Einzelhäuser. Die Gestaltungsfreiheit im Grundriss ist sehr groß, besonders bei Baukörpern mit Flachdach. Außer rechteckigen gibt es L-, T-, Z- oder U-förmige Grundrisse, um nur einige Beispiele zu nennen. So ist die Teilbarkeit in ein kleines EFH mit abtrennbarem Einlieger gut möglich. Dieser Haustyp ist deshalb nicht nur, wie allgemein üblich, als kollektive Bauform, sondern auch als Addition individueller Entwürfe mit unterschiedlichem Raumprogramm denkbar. Auch die optische und akustische Trennung der Nachbarn lässt sich durch in den Baukörper eingezogene Terrassen und Hauseingänge gut erreichen, weit besser jedenfalls als bei freistehenden EFH mit unzureichender Grundstücksgröße. Nur die Freiheit der äußeren Gestaltung ist stärker eingeschränkt als bei freistehenden Baukörpern. Die Häuser einer Zeile sollten in Dachform, Material, Farben usw. nach Abschn. 2.4 aufeinander abgestimmt werden.

Gleichzeitig bietet dieser Haustyp auch die Vorteile der Doppel- und Kettenhäuser. Die erreichbare Dichte hängt stark von der Grundstücksbreite ab, die für anderthalbgeschossige RH im Allgemeinen 7–8 m beträgt, für eingeschossige RH mit Z-, T- oder U-förmigem Grundriss etwa 8–10 m und für eingeschossige, rechteckige Grundrisse 10–14 m. Damit sind theoretisch sogar noch höhere Dichten als bei Doppelhäusern zu erzielen. Weil aber die erforderlichen Garagen- und Stellplätze in der Regel nicht auf den Wohngrundstücken untergebracht werden können, sondern separate Flächen benötigen, beträgt die Dichte ein- bis anderthalbgeschossiger RH einschließlich der Garagenhöfe und Sammelstellplätze wie bei den Doppelhäusern im Mittel rund 30 WE/ha.

Auch bei den Baukosten gibt es große Unterschiede. Ein kompaktes anderthalbgeschossiges Reihenendhaus kostet ungefähr ebenso viel wie eine gleich große Doppelhaushälfte in Bau und Unterhaltung, das entsprechende Reihenmittelhaus auch weniger, weil die Außenflächen infolge der zwei mit den Nachbarn gemeinsamen Außenwände kleiner sind. Ein stark gegliedertes RH dagegen (ein Geschoss, U- oder Z-Form, Flachdach) hat ungefähr so viel Außenflächen wie ein freistehendes Einzelhaus und kann deshalb auch ungefähr ebenso teuer sein. Der Anwendungsbereich dieses Haustyps schließlich entspricht dem der Doppelhäuser: Er kommt vor allem für Baulückenschließungen zwischen ein- bis anderthalbgeschossigen Gebäuden in Betracht, zum Beispiel in Dörfern oder kleinen Siedlungen am Rand größerer Orte. Weil aber RH in der Regel in mehr oder weniger großen Gruppen errichtet werden, erfordern sie entsprechend große Baulücken, die in überwiegend bebauten Gebieten eher selten vorkommen. Deshalb ist der Anwendungs-

bereich trotz der deutlichen Vorteile gegenüber Doppelhäusern ziemlich begrenzt. Auch
für Neubaugebiete in ländlichen Gemeinden, wo es wegen geringer Bautätigkeit fast nur
Einzelbauvorhaben gibt, sind sie als eine eher kollektive Bauform weniger geeignet als
Doppelhäuser.

Mit allen bisher dargestellten Hausformen kommt man also über eine Verdoppelung der
Dichte freistehender Einzelhäuser nicht wesentlich hinaus. Erst die zweigeschossigen Reihenhäuser, ohne oder mit ausgebautem Dach (= „zweieinhalbgeschossige" RH) ermöglichen eine weitere erhebliche Verdichtung. Die Breite dieses Haustyps beträgt im Allgemeinen 6,5–4,5 m; die weitaus meisten RH sind 6,5 m breit. Da die erforderlichen Garagen-
und Stellplätze auf den schmalen Grundstücken, zumindest der Mittelhäuser einer Zeile,
nicht untergebracht werden können, sind regelmäßig separate Garagenhöfe und Kfz-Stellplätze erforderlich. Auch wenn man die Kfz-Stellflächen zum Wohnbauland hinzurech-
net (s. o.), ist eine Dichte von 35–55 oder im Durchschnitt rund 45 WE/ha zu erreichen.
Das entspricht einer Verdreifachung der Dichte freistehender Einzelhäuser. Entsprechend
niedriger sind die Grundstücks- und Erschließungskosten. Da auch die Bau- und Unterhaltungskosten wegen der geringen Außenflächen, besonders bei den Mittelhäusern einer
Zeile, günstiger sind als bei allen bisher dargestellten Hausformen, stellen die zweigeschossigen RH heute die weitaus häufigste Form des Einfamilienhauses dar.

Den wirtschaftlichen Vorteilen stehen jedoch auch deutliche Nachteile gegenüber. Der
größte besteht darin, dass die üblichen Grundrisse ausschließlich große Wohnungen mit
mindestens 4 Räumen und über 100 m², in der Regel um 120 m² Wohnfläche enthalten.
Dafür aber besteht nur noch wenig Neubaubedarf (s. Abschn. 3.1.3). Die Reduzierung
der Zimmerzahl ist andererseits bei diesem Haustyp nur begrenzt möglich, weil regelmäßig der Schlafteil im Obergeschoss ebenso groß wie der Wohnteil im Erdgeschoss ist,
oder bei ausgebautem Dach sogar noch größer. Zwei Geschosse ohne Dachausbau und die
geringste mögliche Hausbreite von ca. 4,5 m ergeben eine Drei-Zimmer-Wohnung mit
75–80 m² Wohnfläche als unterste Grenze. Noch kleinere Wohneinheiten lassen sich nur
durch eine Teilbarkeit des Hauses erreichen, die dadurch erschwert wird, dass in der Regel
die Schlafräume durch den Wohnteil im Erdgeschoss erschlossen werden. Eine mögliche
Lösung besteht darin, den Wohnteil mit einer geräumigen Terrasse ins 1. Obergeschoss zu
legen. Darüber im Dachgeschoss befindet sich ein kleiner Schlafteil mit 1–2 Räumen. Das
Erdgeschoss ist variabel nutzbar, als Büro- oder Arbeitsraum, für Hobby und Besuch, für
die Großmutter im Drei-Generationen-Haushalt oder als separate Einliegerwohnung. Die
Teilbarkeit des Hauses ist die beste Möglichkeit, die Wohnung den sich immer schneller
wandelnden Bedürfnissen der Bewohner anzupassen (s. o.).

Schwierig ist bei diesem Haustyp ferner der Sicht- und Lärmschutz gegenüber den
Nachbarn wegen der geringen Hausbreite. Ein Versatz der RH um 1,5–2 m kann hier sowohl im Terrassen- wie im Eingangsbereich eine begrenzte Verbesserung bringen. Sicht-
schutzwände zwischen benachbarten Terrassen sowie Hecken oder Zäune zwischen den
Gärten bieten noch weniger Schutz vor Beobachtung und Mithören und betonen außerdem die Enge der schmalen Grundstücke. Noch schwieriger, ja fast unmöglich ist der

Schutz vor nachbarlicher Neugier in den Ecken eines Baublocks. Ein Problem stellt auch der Lärmschutz zwischen Nachbarn infolge der großen gemeinsamen Giebelwände dar, das sich jedoch mit technischen Mitteln wie zweischalige Haustrennwände zufriedenstellend lösen lässt. Schließlich ist die Freiheit der äußeren Gestaltung bei den einzelnen RH in einer Zeile eingeschränkt; Näheres in Abschn. 2.4. Aber die gebotene Anpassung an die Nachbargebäude in Höhe, Dachform, Material, Farbe usw. schließt eine abwechslungsreiche Gestaltung und eine Betonung des Einzelhauses in der Reihe nicht aus.

Weil die zweigeschossigen Reihenhäuser die häufigste Form des EFH bilden und der Bedarf an so großen Wohnungen überall abnimmt, übersteigt schon heute vielerorts das Angebot die Nachfrage, mit deutlich zunehmender Tendenz. Werden in einer Gemeinde trotzdem neue zweigeschossige RH errichtet, etwa in einem Neubaugebiet mit rechtskräftigem Bebauungsplan, den die Stadt, ohne Schadensersatz leisten zu müssen, nicht mehr rückgängig machen kann, sollte zumindest die Teilbarkeit der Neubauten angestrebt werden. Oder wenn eine für RH geeignete Baulücke in innerstädtischer Lage zu schließen ist, sind Mini-Reihenhäuser mit Drei-Zimmer-Wohnungen besser als die üblichen RH mit 4–5 Räumen. Nur in den Gemeinden, die auch in Westdeutschland eine Minderheit bilden, wo in den nächsten Jahren noch mit deutlichem Zuwachs des Wohnungsbedarfs zu rechnen ist, sind möglichst innenstadtnahe Neubaugebiete erforderlich. Darin sind nur 20–25 % größere Wohnungen mit 4–5 Räumen vorzusehen (s. Abschn. 3.1.3), zum Beispiel als teilbare zweigeschossige RH, ferner so viel zweigeschossige Mini-RH mit drei Räumen wie vom Entwurf her möglich. Der Rest, mindestens 40–50 %, sollten kleinere Wohnungen für die große Zahl der Ein- bis Zwei-Personen-Haushalte sein, die im nächsten Abschn. 3.3 behandelt werden.

3.2.4 Neue Hausformen

Auch der Anwendungsbereich der zweigeschossigen Reihenhäuser ist in mehrfacher Hinsicht begrenzt. So sind in den Innenstädten häufig oder in größeren Orten meistens Baulücken zwischen drei- und mehrgeschossiger Blockbebauung zu schließen. Auch mangelt es regelmäßig an Parkständen auf der Straße und Stellflächen wie Sammelgaragen in erreichbarer Nähe, sodass die für ein Bauvorhaben erforderlichen Stellplätze auf dem Wohngrundstück selbst untergebracht werden müssen. Deshalb sind in den letzten Jahren in zunehmendem Maße neue innerstädtische Einfamilienhausformen zu beobachten. Wenn beispielsweise zwischen dreigeschossiger Bebauung in geschlossener Bauweise ein dreigeschossiges Reihenhaus gewünscht ist, können im Erdgeschoss die benötigten Stellplätze und das Treppenhaus mit dem Hauseingang liegen sowie im rückwärtigen Teil ein Büro- oder Arbeitsraum oder ein Altenteil im Drei-Generationen-Haushalt. In den beiden Obergeschossen befindet sich eine zweigeschossige Wohnung mit der bei mehrgeschossigen RH üblichen Grundrissanordnung.

Oder die Umgebung erfordert ein viergeschossiges RH. Dann können im Erdgeschoss nur Hauseingang, Treppenhaus, Stellplätze und Nebenräume für Fahrräder, Mülltonnen usw. geplant werden, im ersten Obergeschoss ein größeres Büro, etwa für einen Freiberufler (Architekt, Grafiker...) und im 2.–3. OG das übliche zweigeschossige RH. Bei dichter Bebauung, wie sie für Innenstädte charakteristisch ist, unterschreiten die Neubauten häufig die vorgeschriebenen Mindestabstände zur Bebauung auf der gegenüberliegenden Straßenseite und/oder auf der Gebäuderückseite. Das ist nicht nur zulässig, sondern kann, wie in Abschn. 2.3.4 näher ausgeführt, von der Stadt etwa zur Erhaltung des Straßenbildes sogar verlangt werden. In diesem Fall empfiehlt es sich oft, die beiden obersten Geschosse der Wohnhäuser zu vertauschen. Im vorletzten Geschoss liegen die Individualräume und darüber der Wohnbereich mit einer geräumigen Dachterrasse.

Die drei- bis viergeschossigen RH werden häufig auch als Stadthäuser bezeichnet. Nach überwiegender Ansicht sind Stadthäuser jedoch Wohngebäude mit mehreren, zumeist zwei separaten Wohnungen. Dieser Auffassung wird auch hier gefolgt. Stadthäuser im engeren Sinne werden in Abschn. 3.3.4 behandelt. Für größere innerstädtische Bauflächen, etwa zur Bebauung von Industriebrachen, sind drei- bis viergeschossige RH weniger günstig als zweigeschossige, weil das Optimum für Einfamilienhäuser bei einem Geschoss liegt. Jedes Geschoss mehr bringt Nachteile im Grundriss wie längere Wege und höhere Baukosten, weil das Treppenhaus einen unverhältnismäßig großen Teil der Kubatur beansprucht. Andererseits werden die erforderlichen Grundstücksabmessungen und damit der Grundstücksbedarf durch die Erhöhung der Geschosszahl über zwei hinaus kaum berührt. Erst durch Mehrfamilienhäuser lässt sich eine weitere wesentliche Steigerung der Dichte über ca. 45 WE/ha hinaus erreichen.

3.3 Mehrfamilienhäuser

3.3.1 Allgemeines

Mit Mehrfamilienhaus (MFH) werden hier, wie allgemein üblich, Gebäude mit mehreren Wohnungen jeglicher Größe bezeichnet, auch zum Beispiel mit Ein-Raum-Apartments, obwohl diese eindeutig keine Wohnungen für eine Familie mit Kindern sind. Der größte Vorteil des MFH gegenüber dem EFH liegt in den wesentlich geringeren Bau-, Grundstücks- und Unterhaltungskosten; zunächst die Baukosten: Diese hängen erstens vom Bauvolumen ab, das bei MFH stets größer, bei einem Wohnhochhaus sogar über 100-mal größer sein kann als bei einem EFH. Mit steigender Kubatur aber sinken die Einheitspreise. Dem Kostenvorteil größerer Gebäude stehen allerdings Mehrausgaben gegenüber, zum Beispiel für Aufzüge, welche die Landesbauordnungen in der Regel ab dem 4. Obergeschoss vorschreiben, oder für Sicherheitstreppen in Hochhäusern. Hochhäuser sind, beispielsweise nach der Bauordnung von Nordrhein-Westfalen, Gebäude, bei denen der Fußboden des obersten Geschosses mehr als 22 m über der Geländeoberkante liegt. Das ist im Allgemeinen das 8. oder 9. Geschoss. Deshalb nehmen die Baukosten pro Quadratmeter Wohnfläche generell mit steigender Geschosszahl ab. Aber nach dem 4. und mehr noch nach dem 7./8. Geschoss erfolgt ein Kostensprung, der auch bei weiter steigender Gebäudehöhe nur noch teilweise zurückgenommen wird.

Weiter ist das Verhältnis Kubatur zu Nettowohnfläche bei MFH immer günstiger als bei EFH und nimmt ebenfalls mit steigender Geschosszahl ab. Während die Relation bei EFH wie gezeigt meistens zwischen 6:1 und 10:1 liegt, kann sie bei Wohnhochhäusern weniger als 4:1 betragen. Drittens hängen die Baukosten von dem Verhältnis Wohnfläche zu Außenfläche des Gebäudes ab, denn Fassaden sind besonders teure Bauteile. Der Außenwandanteil aber sinkt ebenfalls mit steigender Geschosszahl. So ist die Außenfläche bei EFH in der Regel größer als die Wohnfläche, während sie bei Hochhäusern, selbst bei stark gegliederten Baumassen wie dem Märkischen Viertel in Berlin, weniger als die Hälfte der Wohnfläche betragen kann. Schließlich ist der Ausbaustandard von MFH im Allgemeinen nicht so hoch wie bei EFH. Aus all diesen Gründen sind die Baukosten pro Quadratmeter Wohnfläche bei Mehrfamilienhäusern generell erheblich niedriger als bei Einfamilienhäusern. Andererseits differieren sie auch bei den MFH stark.

Die Grundstücks- und die Erschließungskosten als Nächstes sind ebenfalls bei MFH immer geringer als bei EFH, weil sich Wohnungen in MFH, bei denen (fast) identische Grundrisse senkrecht aufeinander gestapelt werden, mit relativ geringem technischen Aufwand durch Erhöhung der Geschosszahl verdichten lassen. Aber wie schon in Abschn. 2.2–2.4 dargestellt, wird die Ausnutzung der Grundstücke durch Vorschriften über Gebäudeabstände, Grund- und Geschossflächenzahlen mehrfach begrenzt. Andererseits lässt das Baurecht bei Bauvorhaben in überwiegend bebauten Gebieten regelmäßig weit gefasste Ausnahmen zu. Dafür schränkt die notwendige Anpassung an die Nachbargebäude, vor allem in der Höhe, die erreichbare Verdichtung ein.

Weiter werden in der Regel 1,5 Kfz-Stellplätze pro Wohnung in MFH gefordert; Näheres in Abschn. 5.4.2. Die Stellflächen einschließlich Fahrgassen und Rampen für Tiefgaragen können bei Gebäuden mit vielen kleinen Wohnungen bis zu 50 % der Wohnfläche ausmachen. Bei begrenzten Grundstücken wie innerstädtischen Baulücken lässt sich daher oft das zulässige Maß der baulichen Nutzung nicht voll ausschöpfen, weil sich die benötigten Stellplätze nicht unterbringen lassen. Schließlich werden für MFH Grünflächen benötigt, beispielsweise Kleinkinderspielplätze; mehr dazu in Abschn. 4.3.2. Die danach insgesamt mit verschiedenen MFH-Formen erreichbare Dichte wird wieder, auch zur besseren Vergleichbarkeit mit EFH-Bebauungen, in Wohneinheiten je Hektar Nettowohnbauland angegeben (s. Abschn. 3.2.1).

Schließlich die Unterhaltungskosten: Hier schneiden EFH generell besser ab als MFH, denn der Eigentümer kümmert sich im Allgemeinen um sein Haus. Schäden repariert er, bevor sie teuer werden, oft dazu selbst. Für ein MFH dagegen fühlt sich oft kein Bewohner verantwortlich. Dies gilt umso mehr, je größer und anonymer die Wohnanlage ist. Ihre Instandhaltung kostet deshalb regelmäßig bedeutend mehr als bei EFH. Anders dagegen die Heizkosten, der wegen des starken Anstiegs der Energiepreise größte Einzelposten bei den Unterhaltungskosten: Hier kommt es weniger auf den Unterschied zwischen Ein- und Mehrfamilienhäusern oder auf die verschiedenen im Folgenden dargestellten Formen der MFH an als auf die Kompaktheit der Baumassen und die Lage in der Stadt. Deshalb kann ein älteres Wohnhaus in der Innenstadt weniger Heizenergie verbrauchen als ein Neubau am Stadtrand, der alle Auflagen der EnergieeinsparVO erfüllt (vgl. Abschn. 1.3.2).

Den großen finanziellen Vorteilen der Mehr- gegenüber den Einfamilienhäusern steht jedoch ein entscheidender Nachteil gegenüber: der Mangel an Freiheit, die Wohnung und ihre Umgebung selbst gestalten zu können, und die Abhängigkeit von den anderen Hausbewohnern. Wie gewohnt wird, ist vorgeschrieben. Verändert werden kann an der Wohnung in der Regel praktisch nichts. Sobald die Kinder laut sind oder der Fernseher abends zu lange läuft, beschweren sich die Nachbarn. Es gibt meist keine Möglichkeit, die Wohnungsumgebung, etwa den Hauseingang oder den Kinderspielplatz, mitzugestalten. So steht das MFH in krassem Gegensatz zu dem Wunsch der Gesellschaft nach immer mehr individueller Freiheit und Selbstbestimmung. Andererseits sind die Unterschiede zum Beispiel zwischen Wohnhochhäusern, wo der Einzelne sich völlig fremdbestimmt und unfrei vorkommt, und Stadthäusern, die ein unabhängiges Wohnen (fast) wie im EFH erlauben, riesig und werden deshalb im Folgenden für verschiedene Formen des MFH differenziert dargestellt.

3.3.2 Wohnhochhäuser

Schon Anfang der 1960er Jahre forderte Jane Jacobs in dem Bestseller „Tod und Leben großer amerikanischer Städte" im Interesse urbaner Wohnquartiere eine Verdichtung der Wohnbebauung, die noch erheblich über der von Berlin-Mitte liegt und die nur mit einer Massierung von Hochhäusern wie in einigen Teilen von New York, wo die Verfasserin wohnte, zu erreichen ist; vereinfacht gesagt: Je höher die Wohndichte, desto großstädtischer das Quartier. Das Buch hat den Städtebau damals weltweit beeinflusst. Bereits aus demselben Jahr 1961, in dem das Buch in den USA erschien, stammt der Entwurf von G. Candilis für Toulouse-Mirail, einer Stadt für 100.000 Einwohner, die zu über 97 % in riesigen, bis zu 24geschossigen Hochhäusern wohnen. Auch in Deutschland wurden schon bald Wohnstädte gebaut, die Urbanität durch hohe Dichte zu erreichen versuchten, zum Beispiel das Märkische Viertel in Berlin oder Hamburg-Steilshoop. In Steilshoop bleibt die Bebauung außer im Zentrum zwar knapp unter der Hochhausgrenze, aber die Menschen wohnen auch hier zu 100 % in Vielfamilienhäusern.

Das Ziel der Urbanität, Gemeinschaft und Kommunikation zwischen den Hausbewohnern, wurde durch diese großen Wohnanlagen jedoch nicht erreicht; im Gegenteil: In Vielfamilienhäusern mit hunderten von Parteien kennen die meisten nicht einmal mehr ihre unmittelbaren Nachbarn, während es in kleineren Mehrfamilienhäusern noch oft gute Hausgemeinschaften gibt. Die Anonymität führt zu Verwahrlosung und Vandalismus in Treppenhäusern, Aufzügen und Hauseingängen. Auch die Aggressionen gegen Hausbewohner sind in den großen Wohngebäuden deutlich erhöht. Weil beispielsweise die Überfälle in den Sammelgaragen sich häufen, parken in vielen dieser Wohnanlagen die meisten ihr Auto lieber auf der Straße. Andere Bewohner resignieren: Die Selbstmordrate ist hier mehrfach höher als in kleineren MFH. Der Berliner Zeichner Zille hat einmal mit Blick auf die Mietshäuser der Gründerzeit gesagt, man könne „einen Menschen mit seiner Wohnung erschlagen wie mit einer Axt". Das gilt erst recht für die Wohngebirge der 1960er und 1970er Jahre. Schon der Anblick wirkt erschlagend. Der Anteil von Depressionen und Neurosen ist in Vielfamilienhäusern wie immer wieder ermittelt bis zu achtmal höher als bei Einfamilienhausbewohnern. Besonders für Kinder ist das Hochhaus ungeeignet, nicht nur aus Sicherheitsgründen oder wegen fehlender Spielmöglichkeiten. Hochhauskinder sind in der Regel gegenüber anderen Kindern gleichen Alters in ihrer psychischen, sozialen und körperlichen Entwicklung deutlich, oft um Jahre zurückgeblieben.

Diese Missstände bewirkten, dass jeder, der es sich leisten konnte, so schnell wie möglich wieder auszog. Das führte zu sozialer Segregation, wodurch die Missstände noch verstärkt wurden, und zu immer mehr Leerständen. Da die Bauträger die Mietausfälle auf die übrigen Mieter umlegen durften, stiegen die Mieten. Dies wiederum verstärkte den Exodus der Mieter, weshalb die Mieten weiter erhöht werden mussten. Inzwischen liegen die Kostenmieten in allen Großwohnanlagen aus jener Zeit weit über den am freien Wohnungsmarkt erzielbaren Preisen. Die Bauträger machen horrende Verluste. Allein die „Neue Heimat" hatte vor ihrem Zusammenbruch umgerechnet mehrere Milliarden Euro Schulden angehäuft. Die anfänglichen Vorteile bei Bau- und Grundstückskosten von Hochhäusern gegenüber mittelhoher Wohnbebauung haben sich längst in das Gegenteil verkehrt. Am Ende muss der Steuerzahler für die Verluste aufkommen, in Nordrhein-Westfalen beispielsweise durch Wohngeldzuschüsse für Problemgebiete, wodurch die Mieten heute auf ein zumutbares Maß heruntersubventioniert werden.

Auch in Ostdeutschland gibt es in allen größeren Städten Großwohnanlagen über oder zur Vermeidung der Hochhausauflagen knapp unter der Hochhausgrenze, die nach einem einheitlichen Bausystem aus Betongroßtafeln errichtet wurden und deshalb allgemein als Plattenbauten bezeichnet werden. Aber anders als in Westdeutschland wohnten dort ursprünglich nicht die unteren sozialen Schichten, sondern die Leistungsträger der sozialistischen Gesellschaft. Erst nach der Wende von 1989, als die Bevölkerung stark abnahm, mehrten sich zuerst die leer stehenden Wohnungen in den Plattenbauten, die inzwischen in vielen Städten bis zu 70 % ausmachen. Deshalb ist zu befürchten, dass sich in Ostdeutschland die Entwicklung der Großwohnanlagen im Westen zu sozialen Brennpunkten mit stark erhöhter hochhaustypischer Kriminalität wiederholen wird.

Es sind bisher schon Unsummen in die Sanierung der Wohnhochhäuser in West- und Ostdeutschland gesteckt worden, um ihre Akzeptanz bei den Bewohnern zu verbessern und die Leerstände zu vermindern. Die Maßnahmen betreffen sowohl die Wohnungen, etwa die Verbesserung der Installationen oder der Wärmedämmung, die äußere Erscheinung der Gebäude, zum Beispiel die Auflockerung der Fassaden durch Balkone oder der Flachdächer durch Penthäuser, als auch das Wohnumfeld, wie freundliche Hauseingänge mit viel Glas, Kinderspielplätze und Kfz-Stellflächen. Die Steigerung der Akzeptanz durch die verschiedenen Maßnahmen ist sehr unterschiedlich. Rein optische Verbesserungen sind im Allgemeinen nur von begrenztem Wert. Schon Ende der 1960er Jahre hat man angesichts der grauen Betonmassen in Toulouse-Mirail, die genau so aussahen wie die Plattenbauten in Ostdeutschland, versucht, durch starke Gliederung im Grundriss und Abwechslung in den Farben wie im Märkischen Viertel, Berlin oder durch die Abtreppung der Gebäudehöhen wie in Hamburg-Steilshoop die Baumassen weniger erschlagend wirken zu lassen; (fast) ohne jeden Erfolg: Die sozialen Probleme sind überall gleich groß.

Wenn der Rückgang der Bevölkerung in einer Stadt den Rückbau des Wohnungsüberhangs erlaubt oder zwingend erforderlich macht, sollte deshalb stets mit dem Abbruch der Großwohnanlagen mit dem höchsten Sanierungsbedarf begonnen werden. Nur der verbleibende Rest der Gebäude ist zu sanieren, wobei Maßnahmen, die der Beseitigung technischer und anderer Mängel dienen, generell mehr zur Erhöhung der Akzeptanz beitragen als rein optische Verbesserungen. Wenn der Bevölkerungsrückgang nicht den vollständigen Abbruch einer Wohnanlage erfordert, können auch Wohnhochhäuser durch die Wegnahme der obersten Geschosse auf Mittelhochbauten reduziert werden, was erfahrungsgemäß die Akzeptanz besonders deutlich verbessert. Ferner kann der sozialen Segregation begegnet werden, wenn man zugleich mit dem Rückbau der Hochhäuser neue Einfamilienhäuser in der unmittelbaren Umgebung errichtet, zum Beispiel aus den Betonplatten der abgetragenen Obergeschosse. Wie schon in Abschn. 3.2 gesagt: Je mehr Einfamilienhäuser, desto besser. Anzustreben ist ein Wohnungsanteil von 20 bis 25 % im Gebiet. Neue Wohnhochhäuser schließlich sollten nirgendwo mehr gebaut werden, auch wenn Bauträger mit Blick auf die niedrigen Bau- und Grundstückskosten dies immer wieder vorschlagen. Dieser „Produktionsversuch menschlicher Heimat" (Bloch) ist aus sozialer Sicht eindeutig als gescheitert anzusehen.

3.3.3 Mittelhochbauten

Als Nächstes sind die sonstigen Mehrfamilienhäuser außer den Großwohnanlagen zu betrachten. Die Baukosten kleinerer und mittlerer MFH sind aus den verschiedenen in Abschn. 3.3.1 genannten Gründen generell höher als bei Hochhäusern. Zu ergänzen ist noch der Einfluss des Erschließungssystems auf die Baukosten. Je mehr Wohnungen pro Geschoss durch ein Treppenhaus erschlossen werden, desto wirtschaftlicher sind Geschossbauten. Der Einspänner beispielsweise, in ländlichen Gebieten als Zweifamilienhaus seit je üblich, ist von den Baukosten her am ungünstigsten. Bis zu vier Wohnungen können nebeneinander direkt an einem Treppenhaus liegen (Ein- bis Vierspänner). Bei mehr als vier Wohnungen auf einer Ebene wird ein Gang zwischen Treppenhaus und Wohnungseingangstür erforderlich (Außengang- oder Innenganghaus). Die Baukostenersparnis wird jedoch mit jeder weiteren Wohnung pro Geschoss immer geringer und fällt zum Beispiel bei der Entscheidung zwischen einem Ganghaus oder zwei Spännern kaum noch ins Gewicht.

Als Maß für die Grundstücks- und Erschließungskosten ist die mit MFH erreichbare Dichte mit der von EFH zu vergleichen. Von den verschiedenen in Abschn. 3.3.1 aufgeführten Faktoren, die für die Dichte maßgebend sind, ist die zulässige Geschosszahl der Neubauten am wichtigsten. Insgesamt, das heißt unter Berücksichtigung aller Faktoren, lässt sich mit zweigeschossigen MFH, eventuell plus ausgebautem Dach, zum Beispiel bei Baulückenschließungen in einer Kleinstadt, im Allgemeinen eine Dichte um die 60 WE/ha erreichen, mit dreigeschossigen Gebäuden, etwa in einem Ort mittlerer Größe, ca. 80 WE/ha, mit 4–5 Geschossen ca. 100 WE/ha und mit bis zu 7(8) Geschossen in großstädtischer Umgebung maximal 120 WE/ha. Damit liegt die Dichte von MFH immer weit über der von EFH, die wie gezeigt im Mittel nur 15–45 WE/ha beträgt.

Den finanziellen Vorteilen steht als Nachteil der Mangel an individueller Freiheit in MFH gegenüber. So lässt sich zum Beispiel das Problem des Lärmschutzes im MFH zwar durch bauliche Maßnahmen wie hohes Gewicht der Wohnungstrennwände und Geschossdecken oder schallschluckende Installationen im Wesentlichen lösen, aber die Freiheit, wie im Einfamilienhaus gelegentlich nachts laut zu feiern, hat der Mehrfamilienhausbewohner dennoch nicht. Auch in Altbauten kann die Unabhängigkeit von den anderen Hausbewohnern oft nachträglich verbessert werden. Wenn zum Beispiel in einem älteren Mietshaus aus der Gründerzeit vor dem Ersten Weltkrieg mehrere Räume an einem Flur liegen, die an verschiedene Parteien vermietet werden, sollte durch den Einbau von Wohnungsabschlusstüren jeder Mieter einen separaten Zugang zum Treppenhaus erhalten. Oder wenn die Toilette sich noch am Zwischenpodest der Treppe befindet, eventuell sogar für mehrere Mietparteien gemeinsam, verbessert der Einbau eines eigenen Bades mit WC in jeder Wohnung die Unabhängigkeit der Mieter von ihren Nachbarn erheblich.

Auch lassen sich die Nachteile des Mehrfamilienhauses durch einen eigenen, individuell verfügbaren, gegen Einsicht und Mithören geschützten Freisitz für jede Wohnung mildern. Bei Neubauten ist deshalb für Erdgeschoßwohnungen in MFH stets ein kleiner Wohngarten anzustreben, direkt von der Wohnung aus zugänglich, ein Bereich, den der Mieter nach seinen persönlichen Wünschen gestalten und nutzen kann. Auch bei Altbauten ist die Umwandlung von gemeinschaftlichen Grünanlagen in Mietergärten vor allem für die Erdgeschoßwohnungen oft möglich. In den Obergeschossen sollte jede Wohnung über einen Raum im Freien von möglichst 3×3 m Größe verfügen. In den Baukörper eingezogene Loggien gewährleisten wesentlich besseren Schutz vor Einsicht, aber auch gegen Regen und Wind, als vor die Fassade vorspringende Balkone. Bei Neubauten sind einseitig zum Garten hin treppenförmig abgestufte Gebäude besonders günstig. Von Vorteil ist dabei auch die Mischung verschieden großer Wohnungen, wobei die größte für eine Familie mit Kindern im Erdgeschoss direkten Zugang zum Garten besitzt und die kleineren Wohnungen in den Obergeschossen alle eine geräumige Terrasse. Schwierig ist bei der nach unten zunehmenden Gebäudetiefe, für alle Geschosse gleich wirtschaftliche Grundrisse zu finden. Die mögliche Geschosszahl ist dadurch im Allgemeinen auf 3–4 begrenzt. Nachträglich an Altbauten angebrachte Balkone dienen oft weniger dem Nutzen der Mieter als der gestalterischen Auflockerung der Fassade, – man denke an viele Sanierungsbeispiele von Plattenbauten in Ostdeutschland. Schließlich bieten sich die Dachgeschosse sowohl von Neubauten als auch älterer Gebäude für Wohnungen mit geräumigen, bepflanzten Dachterrassen an, auf denen man wie im Grünen sitzt und zugleich über die Dächer der Stadt blicken kann.

Oft ist gesagt worden, das Ganghaus gewähre mehr Unabhängigkeit von den Nachbarn als der Spänner. In Tolouse-Mirail beispielsweise befinden sich 97 % aller Wohnungen in riesigen Ganghäusern, weil der Gang nach Ansicht der Architekten im Gegensatz zum

Treppenhaus wie ein öffentlicher Gehweg wirke, an dem die Wohnungen wie gestapelte
Einfamilienhäuser lägen. Aber heute sind, wie schon im letzten Abschnitt behandelt, die
sozialen Probleme in Mirail ebenso groß wie etwa im Märkischen Viertel in Berlin, das nur
aus Spännern besteht, denn hier wie dort ist die Anzahl der Wohnungen in den Häusern
viel zu hoch. Aus sozialen Gründen sollte deshalb die Wohnungszahl eines Mehrfamilienhauses möglichst niedrig sein. Andererseits sind Geschossbauten wie schon gesagt umso
wirtschaftlicher, je mehr Wohneinheiten an einem Treppenhaus oder Gang liegen. Da aber
die Baukostenersparnis mit jeder weiteren Wohnung immer geringer wird, erscheint bei
der Abwägung zwischen sozialen und ökonomischen Erfordernissen der Zweispänner als
der günstigste Kompromiss und das Ganghaus wegen der zumeist großen Wohnungszahl
generell ungünstiger als mehrere Spänner. Auch in älteren Wohnhäusern lässt sich die Zahl
der Wohneinheiten an einer Erschließungsanlage zum Beispiel durch die Zusammenlegung von zwei kleineren Wohnungen zu einer größeren oft nachträglich noch reduzieren.

Weiter ergibt die fantasielose Addition von immer gleichen Häusern oft den Eindruck
von Massenwohnquartieren und Großwohnanlagen, obwohl die einzelnen MFH nur von
mittlerer Größe sind. Deshalb ist bei Neubauvorhaben eine abwechslungsreiche Gestaltung
der einzelnen Häuser in der Zeile anzustreben. Auch eine nur optische Individualität der
Bebauung erleichtert den Bewohnern die Identifikation mit ihrem Haus. Ähnliches gilt für
Altbauten. Eine Auflockerung der Fassade durch Balkone, die Renovierung eines schmut-
zigen, verwahrlosten Treppenhauses, ein neuer Hauseingang mit viel Glas, ein Schrank
oder ein etwas versteckter Platz für die zahlreichen Mülltonnen, Fahrradständer, Brief-
kästen usw. können die Akzeptanz eines Hauses bei den Bewohnern deutlich verbessern.

Schließlich ist auch bei den MFH wieder nach Kap. 2 vorzugehen. In erster Linie sind
Baudenkmäler zu schützen. Aber auch die Erhaltung der sonstigen Altbauten sollte Vorrang vor der Errichtung von Neubauten besitzen. Andererseits müssen Altbauwohnungen den heutigen veränderten Bedürfnissen angepasst werden. So sind die meisten älteren
Wohnungen für Familien mit Kindern gebaut worden, während heute die Ein- und Zwei-
Personen-Haushalte ohne Kinder weitaus überwiegen. Aber ältere Wohnungsgrundrisse,
etwa aus der Zeit vor dem Ersten Weltkrieg, besitzen in der Regel einen Mittelflur, an dem
mehrere gleichwertige Räume zur Straßen- und zur Rückseite hin nebeneinander liegen.
Diese Räume sind nutzungsneutral und nicht, wie bei Grundrissen aus neuerer Zeit, nur
als Wohnzimmer, Küche oder Bad zu gebrauchen. So können die früheren Kinderzimmer
heute als Esszimmer, Arbeitsraum oder zum Fernsehen genutzt werden. Auch für Wohngemeinschaften mehrerer Singles sind Altbauwohnungen ohne große Umbauten in aller
Regel gut geeignet. Wenn der Rückgang der Bevölkerung den Abbruch von Wohnungen
erfordert, sind deshalb möglichst Großwohnanlagen oder in Ostdeutschland Plattenbauten aus der Zeit der DDR zurückzubauen, ältere Wohngebäude in den Innenstädten dagegen nur, wenn die Bausubstanz so schlecht ist, dass eine Sanierung sich wirtschaftlich
nicht mehr lohnt.

Erfordert die positive Bevölkerungsentwicklung in einer Stadt hingegen Neubauten,
sind zunächst Baulücken in den überwiegend bebauten Gebieten zu schließen. Dazu
eignen sich Mehrfamilienhäuser hervorragend, weit besser jedenfalls als EFH. Während

ein mehrgeschossiges Reihenhaus eine bestimmte Breite der Baulücke und Geschosszahl der gebauten Umgebung erfordert (s. o.), lassen sich Spänner ab einer gewissen Mindestgröße in jeder beliebigen Breite, Tiefe und Höhe planen. Blockecken, die einen L-förmigen Baukörper erfordern, kann man mit Reihenhäusern gar nicht, wohl aber mit einem MFH schließen. Selbst T- und Y-förmige Spänner, die auf drei Seiten an vorhandene Häuser angebaut werden, sind möglich, wenn es beispielsweise im Interesse städtebaulicher Raumbildung gewünscht wird. Insgesamt überwiegen daher schon in kleineren Orten mit zweigeschossiger Bebauung die MFH in den Baulücken. Bei drei- bis viergeschossiger Bebauung kommen hier EFH nur noch selten, bei über vier Geschossen gar nicht mehr in Betracht.

3.3.4 Stadthäuser

Nun ist, wie schon in Abschn. 3.2.1 dargestellt, bei Neubauvorhaben ein möglichst hoher Einfamilienhausanteil anzustreben. Aber nur bei ein- bis zweigeschossiger Bebauung, also vorwiegend in kleineren Orten, sind im Allgemeinen ausreichend viele EFH möglich, bei Baulückenschließungen eher weniger, in Neubaugebieten schon mehr, aber größere Neubaugebiete kommen für die meisten Gemeinden in Zukunft gar nicht mehr in Frage. Auch in Orten mit drei- bis viergeschossiger Bebauung entstehen in den letzten Jahren wie schon berichtet zunehmend drei- bis viergeschossige EFH, aber insgesamt wird ihre Zahl begrenzt bleiben, weil die Mehrkosten gegenüber zweigeschossigen Reihenhäusern erheblich sind (s. Abschn. 3.2.4), während die Kosten von MFH mit steigender Geschosszahl generell sogar abnehmen (s. Abschn. 3.3.1). Das drei- bis viergeschossige EFH wird deshalb immer die Ausnahme bleiben, beispielsweise als EFH mit Büro für einen Freiberufler. Stattdessen ist ein neuer Wohnhaustyp entstanden, der die Wirtschaftlichkeit des drei- und mehrgeschossigen MFH weitgehend mit der Unabhängigkeit des Wohnens im EFH verbindet: das Stadthaus.

Stadthäuser sind mehrgeschossige Einfamilien-Reihenhäuser mit einer oder (seltener) auch mehreren Einliegerwohnungen, mit oder ohne Kfz-Stellplätze im Erdgeschoss. Zu unterscheiden sind zwei Grundformen: Typ A besteht aus einem zweigeschossigen Reihenhaus. Im Erdgeschoss befindet sich der Wohnteil, im ersten Obergeschoss der Schlafteil der Wohnung. Das RH besitzt einen Eingang direkt von der Straße sowie direkten Zugang zu einem kleinen Garten hinter dem Haus, den der Bewohner allein nutzen und nach seinen persönlichen Vorstellungen gestalten kann. Die übliche Hausbreite von 6,5–7,5 m ergibt deutlich mehr Möglichkeiten der Grundrissvariation als bei 4,5–5,5 m schmalen RH. Sie ermöglicht ferner eine bessere Trennung zwischen benachbarten Terrassen und Hauseingängen durch Vor- und Rücksprünge des Gebäudes. Über der Hauptwohnung befindet sich in der Regel nur eine ein- bis anderthalbgeschossige Einliegerwohnung mit eigenem Zugang direkt von der Straße und einer möglichst gut vor Einsicht durch die Nachbarn geschützten Dachterrasse. Wenn die gebaute Umgebung einen vier- oder mehrgeschossigen Baukörper erfordert, enthalten Stadthäuser auch zwei oder noch mehr Einliegerwohnungen, die dann allerdings regelmäßig keinen separaten Zugang direkt von der Straße mehr besitzen, sondern über ein gemeinsames Treppenhaus wie in einem Spänner erschlossen werden.

Typ B: In innerstädtischen, dicht bebauten Gebieten ist die Lage der Hauptwohnung in den ersten beiden Geschossen oft nicht möglich, zum Beispiel weil sich das Grundstück auf der Nordseite einer Straße befindet, sodass auch Terrasse und Garten nach Norden liegen würden, oder weil das Innere des Straßenblocks so dicht bebaut ist, dass man aus dem Wohnzimmer auf eine vielgeschossige Wand im Abstand von nur wenigen Metern blicken müsste. Dann ist es besser, die Hauptwohnung in den beiden obersten Geschossen anzuordnen, verbunden mit einer geräumigen Dachterrasse, von der man auf die Dächer der Umgebung oder sogar über die Dächer hinweg schaut. Die Dachterrasse kann auch auf der Straßenseite liegen, wenn die Himmelsrichtung des Grundstücks dies erfordert. Unter der Hauptwohnung befindet sich die Einliegerwohnung. Die Lage im Erdgeschoss ermöglicht einen separaten, stufenfreien Zugang direkt von der Straße, was von Vorteil insbesondere für ältere oder gehbehinderte Personen ist. Wenn die Anpassung an die bauliche Umgebung einen vier- oder mehrgeschossigen Baukörper verlangt, können unter der Hauptwohnung auch zwei oder mehr Einliegerwohnungen geplant werden oder Kfz-Stellplätze im Erdgeschoss oder Büroflächen, zum Beispiel für den Bewohner der Hauptwohnung. Von Nachteil ist dabei das gemeinsame Treppenhaus für die verschiedenen Wohnungen oder Büros sowie die vielen Treppenstufen bis zur Hauptwohnung. Deshalb sollte in Stadthäusern mit mehr als drei Geschossen zumindest für die Hauptwohnung stets ein Aufzug eingeplant werden, auch wenn die Vorschriften Aufzüge erst ab dem 5.–6. Geschoss fordern.

Bei Stadthäusern mit einer separat erschlossenen Einliegerwohnung bieten beide Wohnungen ein Maß an individueller Freiheit und Unabhängigkeit von den Nachbarn, das dem mehrgeschossiger Reihenhäuser kaum nachsteht. Bei größeren Stadthäusern mit vier oder mehr Geschossen gilt das zumindest regelmäßig für die Hauptwohnung. Die Freiheit der äußeren Gestaltung bei den einzelnen Gebäuden in einer Zeile aus Stadthäusern ist ähnlich eingeschränkt wie bei Reihenhäusern (s. o.). Aber die notwendige Anpassung an die Nachbarn schließt eine abwechslungsreiche Gestaltung oder auch die Addition individueller Entwürfe für verschiedene Bauherren mit unterschiedlichem Raumprogramm keineswegs aus. Die Baukosten als Nächstes entsprechen bei Stadthäusern wegen des großen Treppenhausanteils am Bauvolumen eher denen mehrgeschossiger Reihenhäuser als denen von Mehrfamilienhäusern. Die Grundstücks- und Erschließungskosten dagegen hängen von der erreichbaren Dichte ab, die ungefähr 20 WE/ha weniger als bei reinen Mehrfamilienhäusern beträgt. Drei(einhalb)geschossige Stadthäuser ergeben deshalb um die 60 WE/ha, vier- bis fünfgeschossige ca. 80 WE/ha und sechs- bis achtgeschossige ca. 100 WE/ha. Bau- und Grundstückskosten zusammen liegen demnach zwischen denen von Ein- und Mehrfamilienhäusern. Stadthäuser sind oft nur wenig teurer als MFH, aber preisgünstiger als EFH.

Es könnte in Zukunft eine große Nachfrage nach Stadthäusern entstehen wegen des neuen Trends zurück in die Stadtmitte. Die Gemeinden sollten zur Stärkung ihrer Urbani-

tät alles unternehmen, diesen Trend zu unterstützen, indem sie für die Stadtrückkehrer
ein geeignetes Wohnungsangebot schaffen. Die Stadtrückkehrer aber, zum Beispiel ältere
Personen, die ihre zu groß gewordenen Einfamilienhäuser im Grünen aufgeben, wollen
keine Wohnung in einem Mehrfamilienhaus. Sie sind oft wohlhabend und bereit, für die
Freiheit, die ein Einfamilienhaus bietet, mehr Geld auszugeben. Für sie ist das Stadthaus
– selbstverständlich die Hauptwohnung – optimal. Baulücken für neue Stadthäuser sind
jedoch in den Innenstädten im Allgemeinen selten, denn der Anwendungsbereich dieses
Haustyps ist ähnlich eng begrenzt wie der von mehrgeschossigen Reihenhäusern. So muss
die Breite der Baulücke möglichst 6,5–7,5 m oder ein Vielfaches davon betragen, während
sich beispielsweise Spänner wegen der großen Vielfalt der Grundrissmöglichkeiten wie
gezeigt an fast jede Baulücke anpassen lassen. Wenn es, wie vielerorts in Ostdeutschland,
große Leerstände und unbewohnte Ruinen in der Stadtmitte gibt, kann man gezielt für
Stadthäuser geeignete Grundstücke freiräumen und neu bebauen. Aber wenn eine Stadt
sehr viele Menschen anzieht, werden Baulückenschließungen allein nicht ausreichen. Hier
sind größere Neubaugebiete erforderlich, beispielsweise auf nicht mehr oder nur noch un-
zureichend genutzten innerstädtischen Flächen wie aufgegebenen Industrie-, Bahn- oder
Militäranlagen, die so weit wie möglich aus Stadthäusern bestehen sollten. Die für Stadthäuser ungeeigneten Teile des Baugebiets lassen sich regelmäßig am besten mit Spännern
bebauen (s. o.).

Sonstige Bauplanungen

4

4.1 Störende Gewerbebetriebe

4.1.1 Die Entwicklung der Arbeit

Die Weltbevölkerung wächst im Gegensatz zur Entwicklung in Deutschland immer schneller. 1950 betrug ihre Zahl noch 3 Mrd., heute leben auf der Erde bereits über 7 Mrd. Menschen. Sie verbrauchen und zerstören ihre natürlichen Lebensgrundlagen in zunehmendem Maße (s. o. Abschn. 1.2–1.4). Auch wenn daher die Menschheit nicht mehr lange so weiterwachsen kann wie bisher, erscheint doch eine weitere Zunahme der Weltbevölkerung auf mindestens 9 Mrd. Menschen in den nächsten zwei bis drei Jahrzehnten aus heutiger Sicht unabwendbar. Die Folgen dieser globalen Bevölkerungsexplosion für Deutschland sind schon heute unübersehbar. Weltweit drängen Milliarden junger Menschen auf den Arbeitsmarkt. Sie sind bereit, für einen Bruchteil der bei uns üblichen Löhne zu arbeiten. Entweder sie kommen als ausländische Arbeitskräfte nach Deutschland, oder die deutschen Unternehmen verlagern die Arbeitsplätze nach Osteuropa und in den fernen Osten, weil sie sich in einer zunehmend globalisierten Arbeitswelt behaupten müssen.

Das ist eine wesentliche Ursache der hohen Arbeitslosigkeit in ganz Europa. Andererseits scheinen die damaligen Arbeitsmarktreformen der Bundesregierung unter Kanzler Schröder gegenwärtig zu einer im internationalen Vergleich sehr günstigen Entwicklung der Arbeitslosenquote zu führen. Dennoch ist langfristig eher mit einem weiteren Anstieg zu rechnen, weil das soziale Gefälle zwischen Industriestaaten mit abnehmender Einwohnerzahl und Entwicklungsländern mit explodierender Bevölkerung mit Sicherheit noch dramatisch zunehmen wird. Die Stadtplanung sollte daher zumindest von der Möglichkeit einer anhaltend hohen oder sogar noch steigenden Arbeitslosigkeit ausgehen.

Dabei ist wieder räumlich zu differenzieren. So ist die Arbeitslosigkeit in einigen Bundesländern, vor allem in Ostdeutschland, etwa doppelt so hoch wie in Bayern oder Baden-Württemberg. Auch innerhalb einer Stadt kann sie erheblich differieren. Während sie in einem besseren Wohngebiet in der Regel unter dem Durchschnitt liegt, sammeln sich die unter Stadtplanern mit „A-Bevölkerung" bezeichneten Arbeitslosen, Ausländer und alte

J. Meyer, *Nachhaltige Stadt- und Verkehrsplanung*, DOI 10.1007/978-3-8348-2411-0_4,
© Vieweg+Teubner Verlag | Springer Fachmedien Wiesbaden 2013

Menschen vorzugsweise im Stadtzentrum oder in stadtkernnahen, verdichteten alten Baugebieten wie beispielsweise der Elberfelder Nordstadt in Wuppertal. Wenn die A-Bevölkerung in einem Viertel erst einmal überwiegt, zieht jeder aus dem Quartier fort, der es sich finanziell noch leisten kann. So entsteht ein Teufelskreis aus Arbeitslosigkeit und Armut: Der Einzelne findet keine Arbeit, weil er aus einem bestimmten Viertel kommt, und ohne Arbeit fehlen ihm die finanziellen Mittel, um dort wegzuziehen. Mut, Selbstvertrauen, jede Hoffnung auf Besserung stirbt. Bestimmte Straftaten wie Eigentumsdelikte und Körperverletzung hingegen nehmen stark zu.

Aber ebenso wie eine Stadt gegen den Bevölkerungsschwund etwas unternehmen kann, so hat sie zwar in sehr unterschiedlichem Maße, aber in der Regel doch durchaus Möglichkeiten, der Zunahme von Armut und Arbeitslosigkeit entgegenzuwirken; denn wie sonst ist es möglich, dass sich zum Beispiel bei zwei Nachbarstädten in vergleichbarer Lage oft in der einen gleich mehrere Gewerbebetriebe neu ansiedeln, in der anderen dagegen keiner? Es kommt eben nicht nur darauf an, Gewerbeland im Überfluss auszuweisen, das dann keiner haben will, sondern viel mehr auf Kindergärten, Schulen, Einkaufsmöglichkeiten und viele Dienstleistungen bis hin zur medizinischen Versorgung. Das ist das Thema des folgenden Kapitels.

4.1.2   Der sekundäre Wirtschaftssektor

Bei den Arbeitsplätzen ist weiter zu unterscheiden zwischen gewerblicher (Abschn. 4.1–4.2) und nichtgewerblicher Arbeit (Abschn. 4.3). Gewerbe ist jede primär auf Gewinn gerichtete Tätigkeit, im Gegensatz zu öffentlichen Aufgaben wie Bildung (z. B. Schulen), Kultur (z. B. Theater) oder Gesundheitswesen (Krankenhäuser). Im Baurecht, etwa in der Baunutzungsverordnung, wird unter Gewerbe häufig auch nur Industrie und Handwerk verstanden, nicht aber Handel und Dienstleistungen. Zur Vermeidung von Missverständnissen wird dieser engere Begriff im Folgenden als „produzierendes Gewerbe" bezeichnet. Bei der gewerblichen Bebauung wird in der Stadtplanung weiter unterschieden zwischen Betrieben, die wegen ihrer Emissionen in Wohngebieten nicht möglich sind, wie die meisten Industriebetriebe, und solchen, die im Gegenteil wegen der Erreichbarkeit für Kunden auf die Nähe zu den Wohnungen angewiesen sind und deshalb das Wohnen nicht stören dürfen, beispielsweise Läden oder Gaststätten. Störendes Gewerbe wird in diesem Abschn. 4.1 behandelt, nicht störendes im nächsten (4.2).

Die amtlichen Statistiken, die als einzige Grundlage für die Stadtplanung zur Verfügung stehen, unterscheiden jedoch nicht zwischen störenden und nicht störenden Betrieben, sondern 10 Wirtschaftsabteilungen mit zahlreichen Unterabteilungen, Gruppen, Untergruppen und Klassen, die vereinfacht eine Gliederung der Wirtschaft in drei Bereiche ergeben: Der „primäre Sektor" umfasst Land- und Forstwirtschaft, Bergbau, Steinbrüche u. a., der „sekundäre Sektor" Produktion, Weiterbe- und -verarbeitung von Produkten, Reparaturbetriebe, Baugewerbe, kurz: Industrie und Handwerk. Der heterogene „tertiäre Sektor" schließlich ist der Oberbegriff für alle sonstigen gewerblichen und nichtgewerblichen Tätigkeiten. Es fragt sich daher, welche Branchen der amtlichen Statistik zu den Störbetrieben zu rechnen sind und welche zu den nicht störenden.

Von den meisten Betrieben des sekundären Sektors gehen Emissionen verschiedener Art aus, die das Wohnen mehr oder weniger stören. Auch der primäre Sektor enthält viele Störbetriebe, deutlich mehr als in früheren Jahrhunderten. So war früher ein Bauernhof im dörflichen Mischgebiet möglich, eine Geflügelfarm mit 100.000 Hühnern ist es dagegen heute wegen der starken Geruchsbelästigung nicht mehr. Aber die Betriebe des primären Sektors liegen zumeist außerhalb geschlossener Ortschaften, wo sie keine Wohnbebauung stören. Im tertiären Sektor schließlich gibt es nur wenige Störbetriebe, zum Beispiel Tankstellen, Großhandelsbetriebe und Speditionen. Andererseits zählen zum sekundären Sektor auch viele Arbeiten, bei denen sich zumindest die Störungen auf ein für die bewohnte Umgebung zumutbares Maß reduzieren lassen, wie etwa die meisten Ausbaugewerke im Bauwesen, die Maler, Glaser, Fußboden- und Fliesenleger, Elektriker und Installateure. Deshalb entspricht die Zahl der Störbetriebe ungefähr dem sekundären Wirtschaftssektor, auf den im Folgenden näher eingegangen wird.

4.1.3 Der Flächenbedarf der Industrie- und Handwerksbetriebe

Die Entwicklung des sekundären Sektors zeigt sich anschaulich an der Zu- und Abnahme der Arbeitsplätze. Bis zum 18. Jahrhundert waren stets weitaus die meisten Menschen in der Landwirtschaft beschäftigt. Erst mit dem Beginn der Industrialisierung im 19. Jahrhundert wuchs der sekundäre Sektor und überflügelte bald den primären. Im 20. Jahrhundert hat schließlich der tertiäre Sektor zugenommen. Bis Anfang der 1970er Jahre wuchs aber auch der sekundäre Sektor zu Lasten des primären weiter und stellte damals fast 50 % aller Arbeitsplätze in Deutschland. Seitdem verlagert die Industrie infolge der Globalisierung des Arbeitsmarktes in zunehmendem Maß Betriebsteile oder ganze Betriebe ins Ausland und stellt so in Deutschland immer mehr Arbeitnehmer frei. Inzwischen beträgt der Anteil des sekundären Sektors nur noch rund 27 %. Ein Ende dieser Entwicklung ist nicht absehbar. In den USA beispielsweise ist der Anteil der Industriearbeit bereits auf 12 % gesunken. Auch wenn es in Deutschland so weit nicht kommen muss, ist doch davon auszugehen, dass die Zahl der Arbeitsplätze im sekundären Sektor weiter abnehmen wird. Fraglich ist nur, um wie viel und in welchem Zeitraum.

Dabei ist wieder räumlich zu differenzieren. So ist nach der Wiedervereinigung Deutschlands in den neuen Bundesländern die Industrie als Arbeitgeber weithin zusammengebrochen, während in Westdeutschland zumindest in einigen Branchen, zum Beispiel im Fahrzeugbau, die Beschäftigung sogar noch zugenommen hat. Auch von der Ortsgröße hängt die Zahl der Arbeitsplätze im produzierenden Gewerbe ab. Sie beträgt in ländlichen Gemeinden im Allgemeinen unter 60 Beschäftigte auf 1.000 Einwohner, in Städten einschließlich ihres Umlandes im Mittel um 200 und in Industrieregionen wie dem Ruhrgebiet über 300 B/1.000 EW. Die Ämter für Datenverarbeitung und Statistik in den Bundesländern ermitteln in regelmäßigen Abständen für alle Gemeinden die Zahl der in den einzelnen Branchen Beschäftigten. Dabei ergibt sich für die weitaus meisten Orte, dass die Arbeitsplätze in Industrie und Handwerk mehr oder weniger stark abnehmen.

In den wenigen Städten und Regionen, wo der sekundäre Wirtschaftssektor noch wächst, lässt sich aus der Zunahme der Arbeitsplätze der Bedarf an gewerblichem Bauland herleiten. Hier ist zunächst zu unterscheiden zwischen Nettobauland, etwa für einen neu anzusiedelnden Betrieb, und Bruttogewerbeflächen, zum Beispiel für ein neues Gewerbegebiet. Die Bruttogewerbeflächen umfassen außer dem Nettobauland ferner die öffentlichen Verkehrs- und Grünflächen, wie Abstandsgrün zu benachbarten Wohngebieten, und sind mindestens 30 % größer anzunehmen als das Nettobauland. Der Baulandbedarf wird in der Literatur im Allgemeinen pro Arbeitsplatz angegeben (m²/A). Dieser Wert differiert jedoch von Branche zu Branche erheblich und liegt zwischen 20 m²/A für elektrotechnische Betriebe und 1.500 m²/A beispielsweise für Raffinerien. Auch bei einer Betriebsart hängt er von dem Grad der Automatisierung des Betriebs, der Betriebsgröße u. a. ab. Deshalb wird stets ein oberer und unterer Grenzwert genannt, zum Beispiel für die Elektroindustrie 20–50 m²/A. Wenn nun bei der Planung eines neuen Gewerbegebiets noch nicht feststeht, welche Branchen sich dort ansiedeln werden, kann man für die Ermittlung des Baulandbedarfs von einem Mittelwert aus den oberen und unteren Grenzwerten ausschließlich kleinerer Betriebe ausgehen, weil größere Betriebe oder Anlagen mit großem Flächenbedarf in der Regel einzeln im Flächennutzungsplan ausgewiesen werden. Dieser Mittelwert beträgt für Industriegebiete ca. 100 m²/A netto oder 130 m²/A brutto und für Gewerbegebiete (= Handwerksbetriebe) 75 m²/A netto oder 100 m²/A brutto.

4.1.4   Die Lage der Industrie- und Handwerksbetriebe

Maßgebendes Kriterium für die Lage von Störbetrieben sind nach dem Baurecht die Emissionen, die von ihnen ausgehen. Die Baunutzungsverordnung unterscheidet diesbezüglich vier Fälle: In Wohngebieten sind im Allgemeinen nur nicht störende Gewerbebetriebe zulässig, von einigen Ausnahmen in älteren, innerstädtischen Wohngebieten abgesehen (§ 4 BauNVO). Gewerbebetriebe, „die das Wohnen nicht wesentlich stören", sind in Dorf- und Mischgebieten erlaubt. Auch hier gelten Ausnahmen für Stadtkerne (§ 7 BauNVO). „Nicht erheblich belästigende Betriebe" als Nächstes sollen in Gewerbegebieten (GE) zusammengefasst werden, und alle sonstigen Störbetriebe, die in anderen Baugebieten unzulässig sind, in Industriegebieten (GI). Aber welche Emissionen stellen eine wesentliche Störung bzw. eine erhebliche Belästigung dar? Es gibt nicht drei Grade der Störung, sondern unzählbar viele. Die Emissionen sind von Branche zu Branche verschieden, zum Beispiel Lärm oder Staub oder Geruchsbelästigungen. Auch das Ausmaß differiert stark, selbst bei gleich großen Betrieben derselben Art. Weiter ist der technische Fortschritt zu berücksichtigen. Eine Fabrik, die vor Jahren in einem Mischgebiet undenkbar gewesen wäre, kann heute dank verbesserter Umweltschutztechnik dort möglich sein.

Deshalb lässt sich die Frage der Umweltverträglichkeit nur von Fall zu Fall entscheiden. In Nordrhein-Westfalen hat die Regierung in einem Runderlass vom 21. März 1990 für alle wesentlichen Arten von Störbetrieben, auch des primären und des tertiären Wirtschaftssektors, angegeben, wie viele Meter Abstand sie mindestens von Wohngebieten halten sollen. Die Betriebe sind in sieben Abstandsklassen eingeteilt, von I = 1.500 m, z. B. bei Ölraffinerien, bis VII = 100 m, unter anderem bei Schlossereien, Schreinereien, Kfz-Werkstätten oder Bauhöfen. Von Betriebsarten, die nicht in dieser Liste aufgeführt sind, gehen im Allgemeinen keine unzumutbaren Störungen aus oder sie lassen sich vermeiden. Der Abstandserlass gilt jedoch nur für die Ansiedlung eines neuen Betriebes oder die Auslagerung eines bestehenden aus der Innenstadt in ein GE- oder GI-Gebiet. Größere Gewerbeflächen werden in NRW regelmäßig nach dem Abstandserlass unterteilt, beispielsweise am Rand zu einem nahe gelegenen Wohngebiet hin nur Betriebe der Abstandsklasse VII und mit zunehmendem Abstand Klasse VI, Klasse V usw.

Nun überwiegen die vorhandenen Betriebe die Neuansiedlungen stets bei weitem, ja selbst die Betriebsschließungen und -fortzüge sind in den meisten Städten zahlreicher als Neuansiedlungen und Auslagerungen zusammen. So hat eine Untersuchung in NRW Ende des vergangenen Jahrhunderts ergeben, dass im Mittel auf 100 im sekundären Sektor Beschäftigte jährlich nur 0,15 Arbeitsplätze neu entstehen, aber 0,7 Arbeitsplätze durch Betriebsstilllegungen etc. wegfallen. Die Neuansiedlungsquote ist zwar beispielsweise in Süddeutschland höher, dafür jedoch im Osten des Landes noch viel niedriger als in NRW. Für die weitaus überwiegende Zahl der vorhandenen Störbetriebe aber gilt: Sofern sie ausreichende Abstände zur bewohnten Umgebung einhalten, sind sie im Interesse der Urbanität und aus ökologischen Gründen möglichst dort zu erhalten; s. o. Kap. 2.1. Das schließt Betriebserweiterungen und- Modernisierungen mit ein. Aber auch wenn die Abstände zur Wohnbebauung nicht ausreichen, wie in älteren Stadtteilen aus der Zeit vor dem Ersten Weltkrieg die Regel, ist es oft ökonomischer und entlastet zugleich die Umwelt mehr, wenn man die Emissionen eines Betriebs durch Schutzmaßnahmen auf ein für die Umgebung zuträgliches Maß reduziert, statt den ganzen Betrieb bei unverminderten Emissionen in ein GE- oder GI-Gebiet auszulagern.

Ist dagegen ausreichender Immissionsschutz nach dem Stand der Technik (noch) nicht möglich oder teurer als eine Betriebsverlagerung, sind zumindest Grundstück und Gebäude nach Möglichkeit weiter gewerblich zu nutzen. Die Auslagerung größerer Fabriken bietet auch die Chance, in den Gebäuden einen Gewerbehof für mehrere kleinere Handwerksbetriebe einzurichten, die beispielsweise ebenfalls aus engen Hinterhöfen ausgelagert werden müssen, aber in der Nähe ihres bisherigen Standorts bleiben wollen, um nicht die meisten ihrer Kunden zu verlieren. Oder die ehemaligen Fabrikgebäude können als Bau- und Hobbymarkt, als Fachmarkt für Fliesen, Bodenbeläge usw. genutzt oder zu Wohnungen und Wohnateliers für Künstler mit viel Atmosphäre umgebaut werden. Sind schließlich die Gebäude eines stillgelegten Betriebs abbruchreif oder die Grundstücke durch Altlasten verseucht, sodass Bausubstanz und/oder Boden als Sondermüll entsorgt werden muss, kann auch eine Umnutzung der Gewerbefläche, zum Beispiel für neue innerstädtische Wohnformen (s. o. Kap. 3), sinnvoller sein als eine Fortsetzung der gewerblichen Nutzung.

Für die auszulagernden Betriebe selbst oder auch für Neuansiedlungen sind vor der Ausweisung neuer Gewerbeflächen auf bisher unbebauten Grundstücken zunächst alle nicht mehr genutzten Gewerbebrachen einer neuen Nutzung zuzuführen und alle Baulücken in vorhandenen GE- oder GI-Gebieten zu schließen. Weil seit Jahren die Betriebsschließungen generell die Neugründungen mehrfach übertreffen, gibt es heute bereits in den meisten Städten große gewerbliche Baulandreserven. Im Ruhrgebiet beispielsweise lagen im Jahr 2000 schon über 20 % aller Industrieflächen brach. In Ostdeutschland sind es weithin noch mehr, und die Tendenz ist wegen der Abnahme des sekundären Sektors überall zunehmend. Zu diesen offensichtlichen Reserven kommen ferner die innerbetrieblichen, weil die meisten Unternehmen, die sich in einem GE- oder GI-Gebiet ansiedeln, für spätere Betriebserweiterungen erheblich mehr Bauland erwerben als sie tatsächlich benötigen. In NRW beispielsweise würden allein die innerbetrieblichen Reserven nach einer Erhebung des Landes derzeit für rund 35 % zusätzliche Arbeitsplätze ausreichen.

Trotzdem werden in fast allen Gemeinden immer noch neue Gewerbeflächen geplant. Während zum Beispiel die Städte im Ruhrgebiet keine Nutzungsmöglichkeiten für ihre riesigen Brachflächen finden, versuchen die umliegenden ländlichen Gemeinden zugleich, durch spottbilliges Bauland und Steuervergünstigungen auf einem insgesamt abnehmenden Markt den anderen Städten Arbeitsplätze und Gewerbesteuereinnahmen abzujagen. Auch in den neuen Bundesländern entstehen überall neue Gewerbegebiete auf der grünen Wiese, obwohl es oft in derselben Stadt Industriebrachen im Überfluss gibt. Hinzu kommt, dass häufig bei weitem zu viel, in manchen Gemeinden 10–20mal mehr als bei realistischer Einschätzung benötigt, neues Bauland angelegt wird, nach dem Motto: je mehr, desto besser. Doch das ist ein Irrtum: Gegen eine großzügige Bereitstellung von Industriebrachen für Betriebsneuansiedlungen und -auslagerungen ist gewiss nichts einzuwenden. Aber neue Gewerbeflächen, noch dazu im Übermaß, schaden regelmäßig der Urbanität der Stadt sowie Natur und Umwelt und binden unnötig finanzielle Mittel der Gemeinde für Grundstückserwerb, Straßenbau usw.

4.2   Nicht störende Gewerbebetriebe

4.2.1   Der Flächenbedarf der Läden

Mit nicht störendem Gewerbe sind hier, im Gegensatz zu den Störbetrieben, die Abstand von Wohngebieten halten müssen, Betriebe gemeint, die wegen der Erreichbarkeit für Kunden auf die Nähe der Wohnungen angewiesen sind und deshalb das Wohnen nicht stören dürfen. Nicht störende Gewerbebetriebe gehören in der Regel zum tertiären Wirtschaftssektor, auf den daher im Folgenden näher eingegangen wird. Die weitaus größte Abteilung des Tertiärbereichs bilden die Einzelhandelsbetriebe; dazu Abschn. 4.2.1–4.2.3. Die übrigen Abteilungen, als Dienstleistungen bezeichnet, folgen im Abschn. 4.2.4. Weiter gibt es auch im sekundären Wirtschaftssektor Betriebe, die in der Nähe der Wohnungen liegen müssen und deshalb in diesem Abschnitt behandelt werden, zum Beispiel im Einzelhandel die Gruppe der Ladenhandwerker wie Bäcker, Fleischer oder Schuhmacher. Die Übergänge zwischen Läden und Ladenhandwerkern sind fließend und verschieben sich laufend. Wo es beispielsweise früher viele selbstständige Bäckereien mit eigener Backstube gab, beliefert heute eine Brotfabrik, die wegen ihrer Emissionen im Gewerbegebiet liegen muss, zahlreiche wohnungsnahe Verkaufsstellen.

Der Flächenbedarf des Einzelhandels richtet sich nach der zu versorgenden Bevölkerung und wird daher stets in Relation zur Einwohnerzahl angegeben (m^2/EW). Es sind jedoch in der Praxis mehrere Angaben gebräuchlich und zu unterscheiden: In Fachveröffentlichungen, zum Beispiel in Bedarfsermittlungen der Industrie- und Handelskammern, werden in der Regel Verkaufsflächen angegeben oder Nutzflächen, die außer den Verkaufsflächen auch die Nebenräume wie Lager, Personalräume oder Flure umfassen. In der Stadtplanung wird dagegen beim Entwerfen von Läden oder Einkaufszentren generell von der Bruttogeschossfläche ausgegangen, die sich aus den Außenmaßen der Baukörper ergibt und neben den Nutzflächen ferner die Flächen der Konstruktion (Mauern) enthält. Für die Umrechnung kann angenommen werden: das Verhältnis Nettofläche zu Bruttofläche beträgt ungefähr 2:3.

Der Flächenbedarf in Relation zur Bevölkerung hat sich seit den 1950er Jahren in der BRD infolge des wachsenden Wohlstands fast verdoppelt und beträgt heute rund 1,3 m^2/EW netto oder 2 m^2/EW brutto. Doch seit den neunziger Jahren des letzten Jahrhunderts stagniert das Wachstum. Die Verkaufsfläche hängt vom Umsatz ab und dieser zum einen von der Bevölkerungsentwicklung. Da die Zahl der Einwohner in Deutschland wie schon dargestellt in Zukunft voraussichtlich deutlich abnehmen wird, werden auch die Einzelhandelsumsätze entsprechend zurückgehen. Zum anderen hängt der Umsatz von der Einkommensentwicklung und davon ab, welcher Anteil des Einkommens in die Kassen des Einzelhandels fließt. Beides zusammen bewirkt, dass der Gesamtumsatz des Einzelhandels schon seit Jahren zurückgeht. Die Deutschen müssen immer mehr Geld für Energie, Verkehr, Gesundheit und Bildung oder die Alterssicherung ausgeben. Schließlich gibt es in Deutschland bereits deutlich mehr Ladenfläche als in vergleichbaren Ländern. So beträgt die Flächenquote hier 1,3 m^2/EW, in Frankreich dagegen 0,93 m^2/EW und in Großbritannien sogar nur 0,85 m^2/EW.

Dabei ist wieder räumlich zu differenzieren. Die Einzelhandelsumsätze sind im ländlichen Raum am geringsten. In der Stadt steigen sie mit wachsender Ortsgröße. Auch innerhalb einer Stadt differieren sie etwa zwischen einem Einfamilienhausgebiet und einem sozialen Brennpunkt erheblich. Schließlich unterscheidet sich die Entwicklung von Branche zu Branche. Während beispielsweise bei Lebensmitteln und Getränken der Bedarf seit langem gedeckt ist, steigen die Umsätze bei Computern und Videospielen stark an. Mehrere Wirtschaftsforschungsinstitute berechnen jährlich für alle Städte und Landkreise der BRD die Umsätze nach Branchen unterteilt neu. Generell aber sollte die Stadtplanung langfristig von einer Abnahme der Einzelhandelsflächen ausgehen und zum Beispiel nicht den Bau neuer großflächiger Einkaufszentren zulassen, wenn im Ort bereits zahlreiche Ladenlokale leer stehen.

4.2.2 Läden für periodischen Bedarf

Hinsichtlich der räumlichen Verteilung in der Stadt ist weiter zu unterscheiden zwischen Geschäften für periodischen und aperiodischen Bedarf. Periodischer Bedarf sind Waren, die man laufend neu benötigt, entweder täglich, wie frische Milch und Brötchen, oder etwa wöchentlich. Geschäfte für den periodischen Bedarf sind vor allem die Lebensmittelläden, daneben Bäcker, Fleischer, Fachgeschäfte für Feinkost, Getränke, Tabakwaren, Zeitungen und Zeitschriften, Blumen, Waschmittel und Drogeriewaren. Güter des aperiodischen Bedarfs kauft man dagegen weit seltener, um sie möglichst lange zu besitzen. Dazu zählen Möbel, Lampen, Teppiche, Gardinen, Haushaltsgeräte, Fernseher, Computer, Kameras, Handys, Bekleidung, Schuhe, Schmuck, Spielzeug und vieles mehr.

Für den periodischen Einkauf ist ein möglichst kurzer Fußweg zwischen Wohnung und Laden am wichtigsten. Zwar benutzen die meisten für den wöchentlichen Einkauf ihren Pkw, weil größere Mengen von Waren sich bequemer im Kofferraum transportieren als tragen lassen. Aber der periodische Bedarf muss auch zu Fuß gedeckt werden können, denn viele besitzen kein Auto (mehr). Der Fußweg sollte möglichst unter 500 m und höchstens 1.000 m betragen. Das ist beispielsweise für eine ältere Frau, die eine volle Einkaufstasche nach Hause trägt, schon sehr weit. Die Einhaltung dieser maximalen Wegelänge für alle Wohnungen in einer Stadt lässt sich am ehesten erreichen, wenn man alle Wohn- und Mischgebiete in Nahversorgungsbereiche mit jeweils eigenem Nahversorgungszentrum unterteilt. Die durchschnittliche Wegelänge ist am geringsten, wenn das Geschäft in der Mitte des Gebiets liegt, alle Wohnbauflächen kreisförmig darum angeordnet sind, maximaler Radius 700–750 m Luftlinie, was etwa 1.000 m Fußweg entspricht, und größere Wohngebäude um die Mitte herum konzentriert werden. Gibt es in einem größeren Viertel mehrere Läden für periodischen Bedarf, sind sie im Interesse kurzer Wege möglichst zu einem Quartierzentrum zusammenzufassen.

Neben der Erreichbarkeit der Geschäfte spielen ferner Auswahl, Qualität und Preis der Waren eine Rolle. Deshalb haben die Filialbetriebe großer Ladenketten von Aldi bis Edeka die früher üblichen kleinen Lebensmittelgeschäfte mit Personalbedienung („Tante-Emma-Läden") fast vollständig verdrängt. Der Trend zu Großraumläden mit Selbstbedienung steht jedoch dem Prinzip der flächendeckenden Versorgung entgegen. Die früher üblichen kleinen Lebensmittelgeschäfte benötigten für ca. 350 m² BGF nur rund 500 Einwohner als Kundenbasis. Das war auch bei geringer Siedlungsdichte, etwa in Dörfern und Stadtrand-siedlungen, im Einzugsbereich zumeist gegeben. Heute dagegen braucht schon ein kleiner SB-Laden, der zeitgemäße Nachfolger des Tante-Emma-Ladens, wegen der Konkurrenz der großen Supermärkte fast 1.000 m² BGF und entsprechend mehr Kunden. Trotzdem fließt viel mehr Kaufkraft in die Supermärkte der Stadt oder auch der Nachbargemein-den als früher. Daher rechnet man heute in gut integrierten Stadtteilen mit mindestens 3.000 EW, auf dem Land wegen des geringeren Kaufkraftabflusses mindestens 2.000 EW für einen kleinen SB-Laden. Für ein vollständiges Nahversorgungszentrum mit Fachge-schäften wie Bäcker und Fleischer werden in Städten sogar mindestens 8.000 EW, auf dem Land etwa 5.000 EW im Nahversorgungsbereich benötigt.

Wenn aber in vorhandenen Städten die Einwohnerzahl in vielen Bereichen zur Erhaltung der Nahversorgung nicht mehr ausreicht? Die früheren Tante-Emma-Läden werden nur noch in Sonderfällen, etwa in kleinen Ferienorten akzeptiert. Am Stadtrand und in ländlichen Gemeinden überwiegen jedoch die Einfamilienhäuser. Hier ist jeder auf ein Auto angewiesen, das er dann eben auch für jede kleine Besorgung braucht. Eine Vermehrung der Einwohnerzahl durch Neubautätigkeit in dem Maß, dass ein kleiner Nahversorgungsladen sich trägt, kommt in Zeiten abnehmender Bevölkerung kaum noch in Betracht. Und wo dennoch Neubauten in Bereichen ohne Nahversorgung errichtet werden, sollten es nur Einfamilienhäuser sein und keine Mehrfamilienhäuser für Mieter, die sich oft kein Auto leisten können oder wollen.

Abhilfe schafft in vielen Fällen am ehesten eine Vergrößerung des Nahversorgungsbereichs: Im 700 m-Umkreis um die Läden sind die Wohnungen fußläufig erreichbar, und weiter entfernt liegen nur Einfamilienhäuser (mit Auto). Generell aber folgt wieder aus Kap. 2: In erster Linie ist das Netz der vorhandenen Nahversorgungsläden mit ihren gewachsenen Einzugsbereichen zu erhalten. Die Neuansiedlung von Geschäften ist zur Schließung von Lücken im Nahversorgungsnetz zu nutzen. Sollte die Stadt ausnahmsweise ein neues Einkaufszentrum in peripherer Lage, weit ab von allen Wohngebieten, zulassen (Näheres s. u.), sind Lebensmittel und Getränke immer auszuschließen.

4.2.3   Läden für aperiodischen Bedarf

Beim langfristigen Einkauf sind den Kunden Preis, Auswahl und Qualität der Waren im Allgemeinen wichtiger als kurze Wege. Wer beispielsweise eine Wohnungseinrichtung sucht, wird in der Regel zunächst verschiedene Angebote vergleichen wollen. Daher überwiegt hier die Tendenz zur Zentrenbildung. Auch innerhalb eines Zentrums sollten mehrere Läden derselben Branche, zum Beispiel Schuhgeschäfte, nahe beieinander liegen, denn „Konkurrenz belebt das Geschäft". Gibt es in einer Stadt mehrere Zentren oder in einer Region mehrere Städte mit eigenem Zentrum, besteht ferner die Tendenz zur Bildung eines Hauptzentrums. So ist Wuppertal erst 1926 durch den Zusammenschluss der beiden Großstädte Elberfeld und Barmen mit ungefähr gleichwertigen Einkaufszentren und mehrerer Kleinstädte entstanden. Inzwischen ist Elberfeld zum Hauptzentrum der Stadt aufgestiegen, Barmen dagegen zu einem Stadtteilzentrum abgesunken.

Die Erreichbarkeit der Zentren für langfristigen Bedarf mit dem Auto oder für alle, die keinen Wagen besitzen, mit öffentlichen Verkehrsmitteln reicht im Allgemeinen aus. Wenn jedoch der Besuch des Zentrums etwa einer Großstadt wegen der zunehmenden Verschlechterung der Verkehrsverhältnisse mehr als einen halben Tag in Anspruch nimmt, braucht man für kleinere Besorgungen, mal eben während der Mittagspause oder kurz vor Geschäftsschluss, in jedem Stadtteil ein Einkaufszentrum mit den wesentlichen Geschäften des aperiodischen Bedarfs, das schneller zu erreichen ist, zum Beispiel Parkplätze direkt vor den Läden bietet. Die Gesamtfläche aller Läden für aperiodische Wirtschaftsgüter beträgt heute in Deutschland rund 1 m²/EW Bruttogeschossfläche. Schwierig zu beantworten ist die Frage, wie sich die Flächen auf die verschiedenen Zentren einer Stadt aufteilen. Es kommt dabei auf die Attraktivität der vorhandenen Zentren an, auf ihre Erreichbarkeit, aber auch auf historisch gewachsene Kaufgewohnheiten der Bevölkerung oder soziale Grenzen, etwa zwischen einem bürgerlichen Viertel und einem sozialen Brennpunkt mit hohem Ausländeranteil. Fachinstitute ermitteln diese Daten, beispielsweise durch Kundenbefragungen, für jede Stadt neu.

In den letzten Jahrzehnten sind in fast allen Städten Verbrauchermärkte an der Peripherie entstanden; oder in Nachbargemeinden, etwa wenn ländliche Kommunen großflächige Einkaufszentren zulassen, um den benachbarten Städten Kunden und Umsätze abzujagen. Oft sind die Geschäfte in der Innenstadt wegen der höheren Bodenpreise und Mieten, wegen fehlender Expansionsmöglichkeiten oder vor allem wegen der immer schlechter werdenden Zugänglichkeit (Beispiel: Parkplatzproblem) der Konkurrenz am Stadtrand nicht mehr gewachsen und müssen aufgegeben werden. Hinzu kommt der Versandhandel und seit einigen Jahren der Verkauf über das Internet, dessen Umsätze zwar heute noch unerheblich sind, die aber schnell zunehmen. Alle entziehen den oft in Jahrhunderten gewachsenen und für die Urbanität der Stadt überlebenswichtigen Zentren Kaufkraft. Daher hat oft eine Kleinstadt mit 10.000 EW in ländlicher Umgebung noch ein lebendiges Einkaufszentrum, wenn auch mit deutlichen Lücken in der Angebotspalette, während in vielen Stadtteilen größerer Städte 30.000 EW als Basis für ein bescheidenes Stadtteilzentrum nicht mehr ausreichen, weil 80 % der Kaufkraft oder mehr in das Hauptzentrum, den Versandhandel und vor allem in die Verbrauchermärkte am Stadtrand fließen.

Oberste Priorität ist daher auch hier wieder nach Kap. 2 der Erhaltung des vorhandenen Einkaufszentrums oder in größeren Städten des Netzes aus Haupt- und Stadtteilzentren mit ihren oft schon seit Generationen ortsansässigen Betrieben einzuräumen. Da der Hauptmangel innerstädtischer Lagen in der Regel in der schlechten Zugänglichkeit besteht, ist vor allem die Erschließung der Innenstadt zu verbessern: verkehrsfreie Einkaufsstraßen, ausreichend Parkplätze, gute ÖPNV-Verbindungen etc.; Näheres dazu in Kap. 5. Neue Geschäfte sind stets in den bestehenden Zentren anzusiedeln. Das konnte früher, als die Einzelhandelsflächen noch deutlich zunahmen, in dicht bebauten, alten Stadtkernen schwierig sein. Inzwischen aber mehren sich überall die leer stehenden Ladenlokale, selbst in Städten mit (noch) nicht abnehmender Bevölkerung, und in Gemeinden mit schrumpfender Einwohnerzahl wie in Ostdeutschland ist heute umgekehrt das Problem, Betriebe zu finden, die sich noch ansiedeln wollen. Auch für Läden, die größere Flächen benötigen als früher üblich, findet sich regelmäßig eine leer stehende Fabrik, ein ehemaliges Kino oder die frühere Stadthalle. Städtebaulich besonders reizvoll kann ferner die Zusammenfassung mehrerer kleiner Ladenlokale sein, wie schon in Abschn. 2.2.4 beschrieben.

Auch neue Verbrauchermärkte am Stadtrand, die den bestehenden Zentren noch zusätzlich Konkurrenz machen, sind oft nicht zu vermeiden. So sind nach Baunutzungsverordnung in Gewerbegebieten Handelsbetriebe unbegrenzt zulässig. Wenn daher beispielsweise ein Supermarkt sich in einem ausgewiesenen Gewerbegebiet ansiedeln möchte, kann die Gemeinde die erforderliche Genehmigung im Allgemeinen nicht verweigern. Sie sollte deshalb, um die Ansiedlung neuer Betriebe besser steuern zu können, durch Ratsbeschluss großflächige Handelsbetriebe mit über 1.200 m² Bruttogeschossfläche in allen Gewerbegebieten ausschließen und nur in Sondergebieten ausnahmsweise, das heißt mit Einzelgenehmigung, zulassen. Die Genehmigung wird nur erteilt, wenn eine Gefährdung der vorhandenen Einkaufszentren nicht zu erwarten ist. Als unbedenklich werden in der Regel angesehen: Baumärkte für Rohbau- und Ausbaugewerke (z. B. Teppiche, Fliesen), Hobby- und Heimwerkermärkte, Gartencenter und Kfz-Bedarf.

Außerdem ist der Grundstücksverbrauch dieser Märkte zumeist extrem groß, bis zu 10 Mal höher als in innerstädtischen Lagen. Üblich sind eingeschossige Gebäude und daneben ebenerdige Kfz-Stellflächen. Allein schon dadurch, dass man die Stellplätze unter den Baukörper legt, lässt sich der Flächenbedarf ungefähr halbieren. Deshalb sollte, wenn schon ausnahmsweise ein weiterer Verbrauchermarkt außerhalb der bestehenden Einkaufszentren zugelassen wird, zumindest der Grundstücksverbrauch durch die Festsetzung einer Mindestgeschoßflächenzahl (§ 16 BauNVO) möglichst eng begrenzt werden. Schließlich ist der starke Verkehr zu bedenken, den Märkte in peripherer Lage erzeugen. Sie sollten deshalb immer direkt an einer örtlichen Hauptverkehrsstraße liegen und nicht etwa durch ein Wohngebiet erschlossen werden.

4.2.4   Dienstleistungsbetriebe

Mit dem Begriff Dienstleistungen sind hier alle Tätigkeiten im tertiären Wirtschaftssektor außer dem Einzelhandel gemeint. Dabei handelt es sich mehrheitlich um die große Gruppe der Büroarbeiten, wie Büros und Praxen freier Berufe (z. B. Ärzte, Architekten…), Geldinstitute, Versicherungen sowie private und öffentliche Verwaltungen. Alle anderen Dienstleistungen stellen zusammen im Vergleich dazu weniger Arbeitsplätze. Dazu gehören im Wesentlichen die Branchen Reinigung und Körperpflege (z. B. Wäscherei, Friseur), Gastronomie und Hotellerie (z. B. Gastwirtschaft, Hotel, Campingplatz) sowie Unterhaltung, vom Kino bis zum Erotikgewerbe.

Der Flächenbedarf der Dienstleistungsbetriebe richtet sich wie bei den Läden überwiegend nach der zu versorgenden Bevölkerung und wird deshalb wieder in Relation zur Einwohnerzahl im Einzugsgebiet angegeben (m²/EW). Die Flächenquote hat sich seit den 1950er Jahren ungefähr verdoppelt und beträgt heute insgesamt rund 1,2 m²/EW Bruttogeschossfläche. Besonders die Büroflächen haben, der starken Vermehrung der Büroarbeitsplätze entsprechend, erheblich zugenommen. Andererseits wird durch den Einsatz von Computern im Büro seit den 1990er Jahren in wachsendem Maß Personal eingespart. So könnten, wenn die Bankgeschäfte über das Internet weiter zunehmen, schon bald viele Bankfilialen mit Personalbedienung überflüssig werden. In anderen Branchen, etwa in der Kommunalverwaltung, hat diese Entwicklung dagegen gerade erst begonnen. Auch werden immer mehr Bürotätigkeiten mithilfe des Internets in ferne Länder wie Indien verlagert. Wenn sich das Outsourcing durchsetzt, so schätzen viele Fachleute, wird die Zahl der Büroarbeitsplätze in Deutschland im Gegensatz zu den vergangenen Jahrzehnten in Zukunft wieder abnehmen.

Gleichzeitig wächst die Telearbeit. Verschiedene Untersuchungen kommen übereinstimmend zu dem Ergebnis, dass die Zahl der Personen, die zumindest teilweise daheim oder von unterwegs aus per Computer arbeiten, sich in den nächsten Jahren vervielfachen wird und dass deshalb die benötigte Bürofläche noch deutlich stärker zurückgehen wird als die Zahl der Arbeitsplätze. Dabei ist wieder räumlich zu differenzieren. In den Hauptstädten des Bundes und der Länder beispielsweise werden Büros für zahlreiche Behörden benötigt. Auch große Wirtschaftsunternehmen haben die Tendenz, ihre Hauptverwaltung aus Repräsentationsgründen in Berlin (Beispiel: Potsdamer Platz) oder zumindest in einer Landeshauptstadt anzusiedeln. Daher wird der Bedarf an Büroflächen in den übrigen Städten überproportional zurückgehen. Aber auch in den Hauptstädten standen Ende 2002 schon durchschnittlich 10 % der Büros leer. Zusätzlich drängen jedes Jahr regelmäßig mehr Neubauflächen auf den Markt als vermietet werden können. Die Stadtplanung sollte daher generell eher von einer Abnahme der Büroflächen ausgehen und zum Beispiel keine neuen großflächigen Bürokomplexe anstreben, insbesondere wenn im Ort bereits zahlreiche Bürogebäude leer stehen.

Hinsichtlich der räumlichen Verteilung in der Stadt ist wieder wie bei den Läden zwischen periodischen und aperiodischen Dienstleistungen zu unterscheiden. Periodischer Bedarf sind Ziele, die man häufiger, etwa wöchentlich aufsucht, wie chemische Reinigung (Annahmestelle), Heißmangel, Gaststätte (Stammkneipe), Sparkasse (Zweigstelle) und Postamt. Viele benutzen für diese Wege ihr Auto. Aber weil nicht alle Mitbürger einen Wagen besitzen, – man denke an die wachsende Zahl der Senioren –, müssen diese Ziele auch zu Fuß erreichbar sein, Wegelänge höchstens 1.000 m. Um diese Wegelänge für alle Wohnungen einhalten zu können, sind alle Wohn- und Mischgebiete in einer Stadt in Nahversorgungsbereiche mit einem Radius von ca. 700 m Luftlinie um die Nahversorgungseinrichtungen herum zu unterteilen, wie oben für den Einzelhandel beschrieben. Hinzu kommt wieder das Prinzip der Akkumulation: Verschiedene periodische Dienstleistungen und Läden sind im Interesse kurzer Wege möglichst zu einem Quartierzentrum zusammenzufassen.

Ebenso wie bei den Lebensmittelgeschäften der Trend zum Großraumladen dem Grundsatz der flächendeckenden Versorgung entgegensteht, so auch bei den Dienstleistungen: Während zum Beispiel früher jedes Dorf mindestens einen großen Gasthof mit Saal und Kegelbahn besaß, kann sich heute in einem Neubaugebiet mit mehrfach höherer Einwohnerzahl oft nicht eine einzige kleine Kneipe mehr halten. Oder – ein weiteres Beispiel – die Post dünnt das Netz ihrer Zweigstellen immer weiter aus. Gleichzeitig nimmt die Wohndichte überall beständig ab. Deshalb reicht in vorhandenen Städten die Einwohnerzahl in immer mehr Bereichen zur Aufrechterhaltung der periodischen Dienstleistungen nicht mehr aus, besonders in dünn besiedelten Stadtrandzonen und in ländlichen Gemeinden. Dann sollte über die Einführung eines für Deutschland neuen Betriebstyps nach Art der Drugstores in den USA nachgedacht werden. Nahversorgungsläden können periodische Dienstleistungen wie Gaststätte, Annahmestelle für die chemische Reinigung, Zweigstelle der Sparkasse und des Postamtes mit übernehmen.

Anders dagegen die aperiodischen Dienste, die der Einzelne nicht regelmäßig in Anspruch nimmt. Hier sind wie bei den Läden für längerfristigen Bedarf Qualität und Preis der Dienstleistung im Allgemeinen wichtiger als kurze Wege. Wer ernsthaft krank ist, wird nicht unbedingt zum nächsten Arzt gehen, sondern bereit sein, weiter zu fahren, um einen Facharzt aufzusuchen. Daher überwiegt hier wieder die Tendenz zur Konzentration. Ärzte und Apotheken sammeln sich beispielsweise häufig in der Nähe der Kliniken, Geldinstitute in einem Bankenviertel oder Einrichtungen für Touristen, Hotels und Gaststätten in der historischen Altstadt. Daneben kommt es aber oft auch auf schnelle Erreichbarkeit an. Deshalb muss es zum Beispiel in größeren Städten für den Notfall in jedem Stadtteil ein Mindestangebot an Ärzten, Zahnärzten und Apotheken geben. Hier gilt wieder der Grundsatz der Akkumulation: Verschiedene aperiodische Dienstleistungen und Läden in einer Stadt oder einem Stadtteil sollten im Interesse kurzer Wege möglichst nahe in einem Einkaufs- und Dienstleistungszentrum beieinander liegen.

In den letzten Jahrzehnten sind in vielen Städten Büroghettos für den rasch wachsenden Bedarf an Büroflächen entstanden. Oder Einkaufszentren am Stadtrand werden durch Dienstleistungen wie Restaurant, Café oder einen Kindergarten, wo man den Nachwuchs für ein paar Stunden abgeben kann, zum „Einkaufsparadies" aufgewertet. Beides schadet der Attraktivität der bestehenden innerstädtischen Zentren erheblich. Zur Erhaltung der Urbanität ist nicht nur das Netz der innerstädtischen Einkaufszentren gegen periphere Verbrauchermärkte zu verteidigen, sondern auch ihre oft in Jahrhunderten gewachsene, lebendige Mischung von Handel und Dienstleistungen. Fachleute empfehlen daher, zwischen Versorgungskauf und Erlebniskauf zu unterscheiden. Für den Versorgungskauf, bei dem man sich nur mit allem Nötigen schnell und preiswert eindeckt, gibt es die Discounter am Stadtrand. Die City dagegen und die Stadtteilzentren sollten mit Fachgeschäften, mit Personalbedienung, geschmackvollen Boutiquen, gemütlichen Restaurants und Cafés sowie regelmäßigen Kulturveranstaltungen zum Bummeln, zum Verweilen, zum Erlebnis einladen. In Bremen hat beispielsweise eine Umfrage ergeben, dass nur noch jeder Vierte allein zum Einkaufen ins Stadtzentrum kommt. Das ist die größte, vielleicht die einzige Chance der innerstädtischen Zentren, sich der Konkurrenz am Stadtrand und im Internet zu erwehren.

Für neue Betriebe sind leer stehende Gebäude in den bestehenden Zentren zumeist reichlich vorhanden, nicht nur in Orten mit abnehmender Bevölkerung, sondern auch in den Großstädten und Ballungsgebieten. Städtebaulich besonders reizvoll kann die Zusammenfassung von Läden und Dienstleistungsbetrieben, zum Beispiel von Boutiquen, einem Café, einem Reisebüro oder einer Touristeninformation, in mehreren kleinmaßstäblichen Altstadthäusern sein, wie schon in Abschn. 2.2.4 beschrieben. Keinesfalls sollten die Städte dagegen Büroparks im Grünen als Vorratsbauten für noch nicht bekannte Firmen planen.

4.3 Nichtgewerbliche Anlagen

4.3.1 Allgemeines

Außer den Gewerbebetrieben gibt es weiter Anlagen, die öffentlichen Zwecken dienen, wie Bildungseinrichtungen (Kindergarten, Schule, Volkshochschule...), kulturelle Einrichtungen (Stadthalle, Bürgerhaus, Bücherei, Museum, Theater...), Gesundheit und Soziales (Krankenhaus, Altenwohn- und -pflegeheime), Spiel- und Sportanlagen (Spielplätze, Sportplätze, Turnhallen, Bäder) sowie Stadtverwaltung, Polizei, Feuerwehr, kirchliche Einrichtungen usw. Maßgebend für die Abgrenzung zum Gewerbe soll dabei die öffentliche Zweckbestimmung sein. Eine Stadthalle beispielsweise ist auch dann kein Gewerbebetrieb, wenn sie von einem privaten Pächter gewinnorientiert betrieben wird. Anlagen ist der Oberbegriff für gedeckte Anlagen (z. B. Turnhallen) und Freiflächen (z. B. Sportplätze, Grünanlagen). Andererseits werden gedeckte Anlagen im Allgemeinen als Einrichtungen bezeichnet.

Zunächst die Bildungseinrichtungen: Im Jahr 2000 hat Deutschland erstmals an dem internationalen Schultest PISA teilgenommen. Verglichen wurden bisher die Leistungen 15jähriger Schüler im Lesen, Schreiben, Rechnen und in den Naturwissenschaften. Auf den ersten fünf Plätzen lagen stets Japan, Korea und China, Deutschland dagegen bei allen Tests deutlich unter dem Durchschnitt aller Länder. So konnten hierzulande über 20 % der 15jährigen Schüler nicht sinnentnehmend lesen. Zum Vergleich: In Finnland waren es nur 5,7 %. Bundesweit verlässt beinahe jeder zehnte Jugendliche die Schule ohne Abschluss, ohne richtig lesen, schreiben und rechnen zu können, und damit (fast) ohne Chance auf einen Ausbildungsplatz selbst in einem Handwerk, das er gut bewältigen könnte. Ohne eine abgeschlossene Berufsausbildung aber haben die Jugendlichen wenig Aussicht auf einen gesicherten Arbeitsplatz; denn je besser die berufliche Qualifikation, desto geringer ist im Allgemeinen die Arbeitslosigkeit. In Ostdeutschland zum Beispiel betrug sie 2008 insgesamt rund 20 %, aber bei Personen ohne abgeschlossene Ausbildung über 50 %, bei Akademikern dagegen nur 6 %.

Auch die deutschen Hochschulen, die früher einmal einen Spitzenplatz in der Welt hielten, sind inzwischen weit zurückgefallen. Die Organisation der wirtschaftlich führenden Länder OECD vergleicht jährlich die verschiedenen Bildungssysteme. Danach ist der Anteil eines Jahrgangs, der hierzulande einen (Fach)hochschulabschluss erreicht, mit rund 20 % nicht einmal halb so hoch wie etwa in Schweden oder Finnland (45 %). Ähnliches gilt für die berufliche Weiterbildung, die angesichts der ständigen Beschleunigung der wirtschaftlichen Entwicklung immer wichtiger wird. Das hat Folgen, nicht nur für den Einzelnen, sondern auch für die ganze Volkswirtschaft. Es besteht ein Zusammenhang zwischen Bildungssystem und Wirtschaftswachstum. Daher ist eine Verbesserung des Bildungssystems und eine Offensive in Wissenschaft und Forschung das Wichtigste, um die Wachstumsrate anzuheben und die Arbeitslosigkeit dauerhaft zu senken.

Weiter ist das deutsche Bildungssystem äußerst ungerecht. In kaum einem Land der Welt bestimmt die soziale Herkunft eines Kindes so sehr den Schulerfolg wie bei uns. So hat ein Kind aus der Oberschicht, bei deutlichen Unterschieden zwischen den Bundesländern, im Allgemeinen vielfach größere Chancen, auf's Gymnasium zu kommen, als das Kind eines Arbeiters, und deutsche Schüler insgesamt haben weit bessere Aussichten zu studieren als Kinder ausländischer Herkunft. Selbst bei gleichem Schulabschluss und gleichen Leistungen sind Ausländer und Migranten bei der Suche nach einem Ausbildungs- und Arbeitsplatz klar benachteiligt.

Das größte Problem schließlich an den Schulen entsteht dadurch, dass viele Eltern sich längst aus der Verantwortung für ihre Kinder verabschiedet haben. Ein Teil ist auch mit der Erziehung überfordert. Sekundärtugenden wie Höflichkeit, Pünktlichkeit, auch Hilfsbereitschaft, Rücksichtnahme auf Schwächere, etwa ältere Menschen, nehmen bei den Jugendlichen ab, dafür mehren sich Eigentumsdelikte, Drogenkonsum, Gewalttätigkeiten bis hin zu schweren Verbrechen von bisher nie dagewesener Brutalität. Dies gilt vor allem für Kinder aus hoffnungslosen Sozialhilfemilieus und aus zerrütteten Familien. Hier muss die Schule – wer sonst? – über die Wissensvermittlung hinaus vielfältige Erziehungsaufgaben übernehmen, oft auch einen Familienersatz anbieten. Was die Stadtplanung zur Lösung dieser Probleme beitragen kann, wird in dem folgenden Abschn. 4.3 dargestellt.

4.3.2 Anlagen im Nahbereich

Bei den Kindertagesstätten ist zu unterscheiden zwischen Kindergärten für 3–6 jährige und Krippen für Kinder unter 3 Jahren. In der Fachliteratur wird weiter unterteilt in Krippen für Säuglinge und Krabbelstuben für Kleinkinder unter 3 Jahren. In der Praxis sind jedoch die meisten Krippen zugleich Krabbelstuben, sodass hier mit Krippe ebenfalls beides gemeint sein soll. Eine erste Konsequenz aus dem schlechten Abschneiden der deutschen Schulen im internationalen Vergleich ist, Kindergärten zur Eingangsstufe unseres Bildungssystems auszubauen, wie beispielsweise in China oder Japan, wo teilweise schon Dreijährige systematisch lesen oder zählen lernen. Das gilt besonders für Kinder ausländischer Herkunft. Wenn zu Hause nicht deutsch gesprochen wird, sind viele von ihnen bei der Einschulung nicht in der Lage, dem Unterricht zu folgen. Deshalb sollte für sie der Besuch eines ganztägigen Kindergartens ab drei Jahren mit täglicher Sprachschulung obligatorisch sein. In Frankreich, wo es diese Regelung seit langem gibt, sprechen die meisten Immigrantenkinder mit sechs Jahren fließend französisch.

Der Bedarf an Krippen- und Kindergartenplätzen hängt erstens von der Entwicklung der Geburten pro Jahr ab, die wie schon in Abschn. 3.1.1 ausgeführt stark rückläufig ist. So hat die jährliche Geburtenzahl in Westdeutschland um rund 50 %, in Ostdeutschland sogar um zwei Drittel seit 1989 abgenommen, mit weiter sinkender Tendenz. Ferner hängt der Krippenbedarf von der Frage ab, für wie viel Prozent der Kinder unter drei Jahren Betreuungsplätze anzustreben sind. Nach dem Kinderförderungsgesetz vom Dezember 2008 soll dieser Anteil bis 2013 überall in Deutschland mindestens ein Drittel betragen. Die Zielvorgabe ist in Ostdeutschland heute schon erfüllt. In der früheren DDR gab es einen ganztägigen Krippenplatz für durchschnittlich 80 % der unter Dreijährigen. In Westdeutschland besteht dagegen überall großer Nachholbedarf. So betrug das Angebot an Krippenplätzen in Nordrhein-Westfalen Ende 2011 nur 16 Prozent. Allein um die Vorgaben des KiföG zu erfüllen, müssen daher in NRW bis 2013 über 44.000 neue Krippenplätze geschaffen werden, ein Ziel, das sich offenbar in so kurzer Zeit gar nicht erreichen lässt. Hinzu kommt, dass in größeren Städten der Krippenbedarf heute bereits allgemein über der Forderung des KiföG liegt, weil schon die Kinder alleinerziehender Mütter oder Väter, die besonderes dringend auf einen Krippenplatz angewiesen sind, oft mehr als ein Drittel ausmachen.

Weiter ist bei Krippen ein kurzer Fußweg von höchstens 500 m anzustreben, damit beispielsweise eine berufstätige, alleinstehende Mutter ohne Auto ihr Kind morgens vor der Arbeit selbst dort hinbringen kann. Dasselbe gilt auch für Kindergärten, damit Kinder ab dem vierten Lebensjahr allein dort hinlaufen können. Um diese Wegelänge überall einzuhalten, sind alle Wohn- und Mischgebiete in einer Stadt in Nahbereiche mit einem Radius von ca. 350 m Luftlinie um Krippe und Kindergarten herum einzuteilen, was maximal etwa 500 m Fußweg entspricht, wie in Abschn. 4.2.2 für die Nahversorgung im Einzelhandel bereits näher beschrieben. Es reicht also nicht aus, für den Nachholbedarf in Westdeutschland zunächst einmal eine große Krippe in zentraler Lage zu schaffen, sondern es ist ein flächendeckendes Angebot für Kleinkinder aufzubauen, indem möglichst jeder vorhandene Kindergarten auch für kleinere Kinder geöffnet wird.

Erforderte zum Beispiel die Bevölkerung bisher einen normalen Kindergarten mit drei Gruppen (s. u.), entspricht die Einrichtung einer zusätzlichen Kleinkindergruppe ungefähr einem Drittel der unter Dreijährigen im Einzugsbereich. Bei höherem Bedarf an Krippenplätzen lässt sich eine zweite und dritte Kleinkindergruppe ergänzen. Reicht umgekehrt die Kinderzahl infolge des Geburtenrückgangs für einen Normalkindergarten nicht mehr aus, kann man erst eine, dann zwei und schließlich alle drei Gruppen in altersgemischte „Familien" mit Kindern von 1–6 Jahren umwandeln. „Familien" ermöglichen, das Angebot an Krippenplätzen selbst einem sehr kleinen Bedarf anzupassen und schrittweise bis auf ca. 50 % der unter Dreijährigen im Einzugsbereich zu erhöhen oder auch wieder zu senken. Gleichzeitig nimmt die Zahl der Plätze für die 3–6 jährigen Kinder ab, bei Umwandlung aller Gruppen in Familien um 50 %, bei teilweiser Umwandlung entsprechend weniger.

Gemäß der in Kap. 2 dargestellten Grundregel sind in erster Linie die vorhandenen Kindertagesstätten und ihre gewachsenen Einzugsbereiche zu erhalten. Wächst der Bedarf, zum Beispiel weil in den bestehenden Kindergärten immer mehr Normalgruppen in altersgemischte Familien umgewandelt werden, ist eine neue Einrichtung in einem bisher unversorgten Nahbereich, die eine Lücke im Netz der Kitas schließt, besser als die Vergrößerung einer bestehenden. Für neue Kitas sind zunächst leer stehende Altbauten in Betracht zu ziehen, etwa eine Villa aus dem 19. Jahrhundert. Erst zuletzt sollte ein Neubau erwogen werden. Der dafür erforderliche Grundstücksbedarf wird im Allgemeinen mit 500–600 m² je Gruppe oder Familie angegeben. Das ergibt für einen normalen Kindergarten mit drei Gruppen 1.500–1.800 m² Bauland.

Bei abnehmendem Bedarf dagegen sollte nicht, wie es die überwiegende Praxis ist, eine Einrichtung ganz geschlossen und die Kinder auf die restlichen Tagesstätten verteilt werden, sondern die Verminderung der Kindergartenplätze zum Aufbau oder zur Vermehrung von Krippenplätzen dienen, durch die Umwandlung normaler Kindergartengruppen in altersgemischte Familien. Wenn auch kein ausreichender Bedarf an Krippenplätzen besteht, kann schließlich die Zahl der Gruppen in einer Einrichtung verringert werden, wobei sich allerdings drei Gruppen für die drei Jahrgänge des Kindergartens organisatorisch als besonders günstig erwiesen haben. Aber ein „Kinderladen" mit einer einzigen Familie und nur 8–15 Kindern, was je nach Geburtenhäufigkeit nur 300–500 Einwohner im Einzugsbereich erfordert, ist immer noch weit besser als gar keine Einrichtung im Nahbereich.

Eine weitere Anlage, die in keinem Nahbereich fehlen darf, ist der Kinderspielplatz. Die Deutsche Olympische Gesellschaft hat in Zusammenarbeit mit den kommunalen Spitzenverbänden Richtlinien für die Schaffung von Erholungs-, Spiel- und Sportanlagen („Goldener Plan") herausgegeben. Darin wird bei den Spielplätzen weiter unterschieden zwischen Anlagen für Kleinkinder, Kinder und für jedes Alter von den Jugendlichen bis zu älteren Menschen; hier zunächst die Kinderspielplätze: Sie sollen stets genau bestimmte Spielbereiche wie Sandfläche, Spielwiese und Geräte zum Klettern und Balancieren erhalten. Alle Spielbereiche summieren sich zur erforderlichen Größe des Spielplatzes, die im Allgemeinen 450–800 m² nutzbare Fläche beträgt. Hinzu kommen bis zu 50 % Nebenflächen für Wege, Abpflanzungen etc. Weiter soll die Entfernung zu den Wohnungen wie bei den Kindertagesstätten möglichst 500 m Fußweg nicht überschreiten. Daher ist in jedem Nahbereich außer Krippe und Kindergarten stets ein öffentlicher Kinderspielplatz anzustreben.

Vorhandene Anlagen sind nach Kap. 2 vorrangig instandzuhalten. Bei Neuplanungen ist auf Lärmschutz für die umliegende Wohnbebauung besonders zu achten. In Neubaugebieten sollte der Abstand zu den Hauptfensterseiten der nächsten Gebäude mindestens 20 m betragen. In dicht bebauten älteren Bereichen, die bisher keinen Kinderspielplatz besaßen, bieten sich bei abnehmender Bevölkerung durch den Rückbau von Wohngebäuden gewonnene Freiflächen an. In Altbaugebieten ohne Gebäudeabbrüche sind dagegen Spielstraßen meistens besser; mehr dazu in Abschn. 5.3.5. Schließlich werden die Kinderspielplätze in Relation zur Bevölkerung auf 0,5 m²/EW Nutzfläche bzw. 0,75 m²/EW Bruttofläche begrenzt. Das entspricht bei 450–800 m² Nutzfläche 900–1.600 EW im Einzugsgebiet. Bei mehr Bevölkerung in einem Nahbereich sind zwei Spielplätze besser als ein besonders großer, bei geringerer Bevölkerung sollte die Flächenquote (m²/EW) bis zur Mindestspielplatzgröße erhöht werden.

Weiter schreibt der Goldene Plan Kleinkinderspielplätze vor, die im Wesentlichen aus einem Sandkasten, Kleinspielgeräten wie Schaukel und Rutsche sowie Sitzgelegenheiten für die Mütter oder andere Aufsichtspersonen bestehen. Der Flächenbedarf lässt sich wie bei den Kinderspielplätzen ermitteln und beträgt im Allgemeinen 25–150 m² nutzbare Spielfläche, zuzüglich bis zu 50 % Nebenflächen für Abpflanzungen oder Böschungen in hängigem Gelände. Andererseits werden auch die Kleinkinderspielplätze wieder in Relation zur Einwohnerzahl auf 0,5 m²/EW Nutzfläche oder 0,75 m²/EW Bruttofläche begrenzt, was 50–300 EW im Einzugsbereich entspricht. Zugleich sollen sie im Ruf- und

Sichtweite der Wohnung liegen, damit eine Mutter ihr Kind hören und notfalls schnell zu Hilfe eilen kann. Alle drei Bedingungen zusammen lassen sich jedoch selten erfüllen.

So verlangen die Bauordnungen aller Bundesländer bei Neubauten mit zwei und mehr Wohnungen vom Bauherrn, einen Kleinkinderspielplatz auf dem Baugrundstück anzulegen. Ein Sandkasten im Garten ist auch in der Regel möglich, aber Vielfamilienhäuser mit 50–300 Bewohnern sollte man möglichst vermeiden, wie bereits in Abschn. 3.3.2 ausgeführt. In Altbaugebieten andererseits sind oft die Grundstücke fast vollständig mit Wohnhäusern, Werkstätten oder Stellplätzen bedeckt. Auf der Straße nimmt der Verkehr jeden Quadratmeter in Anspruch. Wo können da noch kleine Kinder spielen? Bei abnehmender Bevölkerung lässt sich vielleicht durch den Abriss von Gebäuden Freifläche für einen Kleinkinderspielplatz gewinnen. Wo das nicht möglich ist, soll in NRW das Defizit an Kleinkinder- durch mehr Kinderspielplätze ausgeglichen werden. Wenn es aber im ganzen Viertel nicht einen einzigen Baum, geschweige denn einen Spielplatz gibt? Dann sollten wenigstens ausreichend Krippenplätze geschaffen werden, kostenlos und ganztägig!

4.3.3 Anlagen im Stadtviertel

Zunächst wieder die quartierbezogene Bildungseinrichtung, die Grundschule: Der Bedarf ist wegen der sinkenden Schülerzahlen seit langem rückläufig und wird weiter abnehmen, wie bereits mehrfach festgestellt. Ein weiteres Problem vieler Grundschulen ist die wachsende Anzahl von Schülern ausländischer Herkunft, weil Ausländer und Migranten im Durchschnitt wesentlich mehr Kinder haben als deutsche Familien. Inzwischen gibt es in vielen Schulen kaum noch deutsche Kinder. Viele der Ausländerkinder sprechen bei der Einschulung und oft auch Jahre später noch nicht genügend deutsch, um dem Unterricht folgen zu können. Sie werden bisher oft auf Sonderschulen verwiesen oder verlassen die Schule ohne Abschluss und damit ohne Chancen auf dem Arbeitsmarkt. Deshalb sollte für alle Schüler ausländischer Herkunft täglicher zusätzlicher Sprachunterricht obligatorisch werden, in schwierigen Fällen auch ein Schuljahr vor der Einschulung, in dem vorrangig die deutsche Sprache erlernt wird.

Schließlich müssen die Schulen heute vielfältige Erziehungsaufgaben übernehmen, wenn die Elternhäuser versagen. Deshalb sind alle Grundschulen flächendeckend auf Ganztagsbetrieb umzustellen, mit Frühstück – denn manche Kinder kommen hungrig in die Schule –, Mittagessen und Betreuung der Schulaufgaben am Nachmittag, wie in vielen westeuropäischen Ländern schon seit langem üblich. Der deutsche Sonderweg, für Grundschüler nachmittags in einem nahe gelegenen Kindergarten einen Hortplatz anzubieten, wird immer weniger angenommen. Selbst kooperative Schüler wollen nicht mehr zu den „Babys" gezählt werden. Hortgruppen sollte man deshalb mit der Einrichtung einer Ganztagsschule auslaufen lassen. Eine offene Frage ist zurzeit noch, für wie viel Prozent der Kinder das ganztägige Angebot benötigt wird. Sicher erscheint, dass die Nachfrage umso mehr zunimmt, je besser das Angebot wird. Auch ist deutlich erkennbar, dass der Bedarf sehr unterschiedlich ist, auf dem Land weniger als in den Städten und in einem sozialen Brennpunkt weit mehr als in sonstigen Wohngebieten.

Weiter ist bei Grundschulen ein Fußweg von höchstens 1.000 m Länge anzustreben, damit auch Erstklässler allein zur Schule gehen können. Um diese Wegelänge überall einzuhalten, sind alle Wohn- und Mischgebiete in einer Stadt in Viertel oder Quartiere mit einem Radius von 700–750 m Luftlinie um die Grundschule herum einzuteilen, was maximal ca. 1.000 m Fußweg entspricht; Näheres s. Abschn. 4.2.2. Dabei ist wieder nach Kap. 2 vorzugehen: In erster Linie sind die vorhandenen Grundschulen und ihre gewachsenen Einzugsbereiche zu erhalten. Allzu große Schulbezirke sind zu teilen, um die fußläufige Erreichbarkeit im ganzen Stadtgebiet sicherzustellen. Wird deshalb ein neues Schulgebäude benötigt, sind zunächst leer stehende Altbauten in Betracht zu ziehen, zum Beispiel eine im Zuge der Zusammenlegung aufgegebene ehemalige Dorfschule oder ein früheres Kirchgemeindezentrum. Erst zuletzt sollte ein Neubau erwogen werden. Der dafür erforderliche Grundstücksbedarf beträgt nach DIN 18031 25 m²/Kind. Da die Zahl der Schüler jedoch schwankt und tendenziell immer weiter abnimmt, rechnet man besser mit 750 m²/Klasse. Dazu kommen noch ca. 1.500 m² für Schulsport (Näheres s. u.) und Kfz-Stellplätze. Das ergibt beispielsweise für eine zweizügige Grundschule mit 8 Klassen ca. 7.500 m² Bauland.

Andererseits erfordert eine zweizügige Grundschule je nach Geburtenquote (Zahl der Kinder pro 1.000 Einwohner und Jahr) in ländlichen Gemeinden ca. 5.000 EW, in größeren Städten um 7.500 EW als Bevölkerungsbasis. Gibt es zu wenig Einwohner im Einzugsgebiet, was wegen der allgemein sinkenden Wohndichte immer häufiger zutrifft, kann zunächst die Klassenstärke reduziert werden. Die Zahl der Schüler in einer Klasse ist ohnehin bereits von 20–40 auf 15–30 gesenkt worden, wegen der wachsenden Zahl schwieriger Kinder und zunehmender Sprachprobleme in den Schulen. Wird auch die abgesenkte Klassenstärke auf Dauer unterschritten, lässt sich weiter die Zahl der Klassen pro Jahrgang auf eine herabsetzen, obwohl die Zweizügigkeit deutliche Vorteile bietet und deshalb von den Ländern lange Zeit als Mindestschulgröße gefordert wurde. Reicht die Zahl der Schüler selbst für eine einzügige Grundschule nicht (mehr) aus, kann man schließlich mehrere Jahrgänge in einer Klasse zusammenfassen. Jahrgangsübergreifender Unterricht mag zwar höhere Anforderungen an das Lehrpersonal stellen, aber der internationale Schulvergleich PISA hat gezeigt, dass die Erfolgsquote besser sein kann als in Jahrgangsklassen. Eine früher verächtlich „Zwergschule" genannte kleine Grundschule ist immer eine weit bessere Lösung als die Grundschule ganz zu schließen und die Kinder mit dem Schulbus in die Nachbargemeinde zu fahren.

Weiter fordern die Richtlinien der Deutschen Olympischen Gesellschaft außer Kinderspielplätzen Spiel- und Erholungsflächen für jedes Alter. Jugendliche, Erwachsene und Familien mit Kindern brauchen einen Bolzplatz oder eine Spielwiese für organisierte Spiele sowie Flächen für unorganisierte Spiele wie Rollschuh- oder Rodelbahnen, ferner Trimmgeräte, Tischtennisplatten usw. Ältere Menschen hingegen benötigen Sitzgelegenheiten und Hütten zum Schutz gegen Wind und Wetter. Die Größe der einzelnen Bereiche ist nicht so detailliert festgelegt wie bei den Kinderspielplätzen. Sie soll insgesamt etwa 600–3.000 m² je Anlage betragen, zuzüglich 50 % für Nebenflächen wie Wege oder Abpflanzungen. Andererseits werden auch diese Flächen in Relation zur Bevölkerung auf 0,5 m²/EW Nutzfläche bzw. 0,75 m²/EW Bruttofläche begrenzt, was 1.200–6.000 EW im Einzugsbereich entspricht. Bei wesentlich mehr als 6.000 EW sind mehrere kleine Anlagen besser als eine besonders große. Neben den Spielflächen für die Allgemeinheit werden ferner Schulsportanlagen benötigt. Für Grundschulen fordert der „Goldene Plan" mindestens eine Spielwiese von 44×22 m und eine Kleinturnhalle oder einen Gymnastikraum, Grundstücksbedarf zusammen ca. 1.400 m².

Die Entfernung der Spiel- und Erholungsflächen zu den Wohnungen soll wie bei den Grundschulen möglichst 1.000 m Fußweg oder ca. 700 m Luftlinie nicht überschreiten. Daher sind in jedem Grundschulbezirk stets auch die für jedes Alter geforderten Spielflächen vorzusehen. Für alle Grünflächen gilt mehr noch als für Gebäude, dass der Erhaltung vorhandener Anlagen gemäß der Grundregel in Kap. 2 immer oberste Priorität einzuräumen ist, weil ein Baum Jahrzehnte zum Wachsen braucht. Bei Neuplanungen ist wieder auf den Lärmschutz für die umgebende Bebauung zu achten, besonders bei Bolzplätzen und sonstigen Anlagen für Jugendliche. In Neubaugebieten sollte daher der Mindestabstand von den Hauptfensterseiten der nächsten Wohngebäude 20 m betragen. In dicht bebauten älteren Vierteln herrscht häufig großer Mangel an begrünten Flächen. Bei abnehmender Bevölkerung lassen sich oft durch gezielte Gebäudeabbrüche für Grünanlagen geeignete Freiflächen schaffen. Wo das nicht möglich ist, kann vielleicht ein Bolzplatz oder ein größerer unreglementierter Abenteuerspielplatz auf einer gewerblichen Brachfläche eingerichtet werden, ein paar Sitzgelegenheiten für Senioren mit Spieltischen für Schach und Skat in einer ruhigen Ecke der Fußgängereinkaufszone oder eine winzige Grünanlage im Innenhof oder auf dem Vorplatz öffentlicher Gebäude wie Rathaus oder Universität, um sich in der Mittagspause, zwischen den Vorlesungen oder nach stundenlangem Einkaufen ein paar Minuten ausruhen zu können („Fünf-Minuten-Grün").

4.3.4 Anlagen im Stadtteil

Bei der Sekundarstufe der Allgemeinen Schulen, den Klassen 5–12, gibt es von Bundesland zu Bundesland erhebliche Unterschiede. Zumeist wurde die früher übliche Gliederung in Ober-, Real- und Hauptschule beibehalten oder fortentwickelt, teilweise wurden auch Haupt- und Realschule zur Gesamtschule I für die Klassen 5–10 zusammengelegt oder alle drei Schulformen zur Gesamtschule II für die ganze Sekundarstufe. Der internationale Schulvergleich PISA hat gezeigt, dass eine wesentliche Ursache für das schlechte Abschneiden der deutschen Schüler dieses dreigliedrige Schulsystem ist. Alle in der PISA-Studie überdurchschnittlich erfolgreichen Staaten haben integrierte Schulen. Auch die schon geschilderte Ungerechtigkeit des deutschen Schulsystems, dass in kaum einem Land der Welt die soziale Herkunft eines Kindes so sehr über den Schulerfolg bestimmt wie bei uns, wird vor allem dem dreigliedrigen Schulsystem angelastet. In allen Bundesländern haben daher inzwischen intensive Reformbestrebungen begonnen, die im Wesentlichen zwei Ziele er-kennen lassen: Die Grundschulzeit soll auf sechs Jahre verlängert und die Hauptschulen sollen mit den Realschulen zu einem neuen Schultyp vereinigt werden.

Der Bedarf an weiterführenden Schulen ist wegen der sinkenden Schülerzahlen ins-gesamt seit Jahren rückläufig. Ferner hängt der Bedarf in der Sekundarstufe von der Ver-teilung der Schüler auf die verschiedenen Schulformen ab. Generell hat sich der Anteil der Ober- und Realschüler in den letzten 60 Jahren ungefähr verdreifacht, der Anteil der Hauptschüler dagegen um rund zwei Drittel abgenommen, bei großen Unterschieden zwischen Stadt und Land sowie zwischen verschiedenen Städten. Auch innerhalb einer Gemeinde variiert die Aufteilung auf die verschiedenen Schulformen zwischen verschie-denen Stadtteilen und im Laufe der Zeit erheblich, da sie stark von der Sozialstruktur der Bevölkerung, von vorhandenen Schulen und Schultraditionen abhängt. Die kommuna-le Schulplanung kann daher nicht von Durchschnittswerten, sondern muss von der ört-lichen, nach Schulformen differenzierten Entwicklung der Schülerzahlen ausgehen. Aus Mindestklassenstärke und der erforderlichen Zahl der Züge (Klassen pro Jahrgang) ergibt sich schließlich für eine bestimmte Schule die benötigte Zahl der Schüler sowie bei ge-gebener Geburtenquote die erforderliche Bevölkerungsbasis. Beide Werte liegen für die verschiedenen Schultypen weit auseinander. Während eine Gesamtschule im Allgemei-nen schon mit 13.000 EW (Land) bis 20.000 EW (Großstadt) als Mindestbevölkerung aus-kommt, benötigt man für eine Hauptschule in vielen Gemeinden bis zu 50.000 EW im Einzugsbereich.

Gleichzeitig ist ein Schulweg von höchstens 2.000 m Länge (nach anderer Ansicht ma-ximal 1.500 m) anzustreben, damit die Jugendlichen zu Fuß oder mit dem Rad zur Schule gelangen können. Um diese Wegelänge überall einzuhalten, sind alle Wohn- und Misch-gebiete einer Stadt in Stadtteile mit einem Radius von 1.500 m (a. A. 1.000 m) Luftlinie um die weiterführenden Schulen herum einzuteilen, was ungefähr 2.000–1.500 m Fußweg ent-spricht. Diese Entfernungen und eine ausreichende Bevölkerungsbasis im Einzugsgebiet zugleich sind jedoch heute in den meisten kleineren Orten, aber auch in den Randbezirken und im Umland größerer Städte nicht mehr einzuhalten, wegen abnehmender Bevölke-rung und sinkender Schülerzahlen. Dann dürfen die Schulbezirke auch größer sein, wenn die Schulen für die weiter entfernt wohnenden Schüler mit öffentlichen Verkehrsmitteln zu erreichen sind. Wenn nicht, müssen die Städte und Landkreise kostenlose Schulbusse einsetzen.

Bei der Planung weiterführender Schulen ist wieder nach Kap. 2 vorzugehen: In erster Linie sind die vorhandenen, oft in Jahrhunderten gewachsenen Schulstrukturen zu erhal-ten. Ein traditionsreiches Gymnasium beispielsweise ist für die Urbanität einer Stadt von kaum zu überschätzender Bedeutung. Wird ein neues Schulgebäude benötigt, etwa weil eine gute Schulleitung zu einem starken Anstieg der Schülerzahl geführt hat, ist stets dem Grundsatz der Konzentration der Vorzug zu geben. Nicht ein neuer Standort weitab von der bestehenden Schule ist anzustreben, sondern die Vergrößerung der expandierenden Schule oder ein Neubau in ihrer Nähe, sodass Schüler und Lehrer in einer 5-Minuten-Pause von einem Gebäude in das andere gelangen können. Dann lassen sich bei wieder abnehmender Schülerzahl später auch mehrere Schulen leichter zu einer Gesamtschule zusammenlegen. Der Grundstücksbedarf für Neubauten beträgt nach DIN 18031 25 m²/ Schüler. Da die Zahl der Schüler jedoch schwankt, rechnet man besser mit 750 m²/Klasse, mit Ausnahme der gymnasialen Oberstufe, die keine Klassenverbände mehr aufweist. Dazu kommen die Schulsportflächen (Näheres s. u.) sowie die Kfz-Stellplätze. Das ergibt insgesamt ca. 1.250 m²/Klasse.

Bei nicht (mehr) ausreichender Schülerzahl dagegen sollte man für jeden Landkreis, jede Kleinstadt und für jeden Stadtteil größerer Orte bei der Planung weiterführender Schulen von der Frage ausgehen: Welche Schulen sind bei der gegebenen und mittelfristig zu erwartenden Kinderzahl überhaupt möglich? In Großstädten reicht in vielen Stadtteilen die Bevölkerung für das drei- bzw. zweigliedrige System aus, daneben zusätzlich für eine Gesamtschule und mehrere Privatschulen. Bei weniger Bevölkerung muss man sich entscheiden: In einem bürgerlichen Stadtteil kann es in Zukunft vielleicht nur noch das drei- oder zweigliedrige System geben, in einem sozialen Brennpunkt nur noch eine Gesamtschule. Auf dem Land schließlich lässt sich durch die Verlängerung der Grundschulzeit auf sechs Jahre erreichen, dass nur Kinder ab der 7. Klasse in die weit entfernte Kreisstadt pendeln müssen. Wichtig ist dabei, dass in jedem Schulbezirk ein vollständiges Schulsystem bis zum Abitur angeboten wird.

Auch in der Sekundarstufe nimmt die Zahl der Schüler beständig zu, die den ganzen Tag sich selbst überlassen sind. Um die Jugendlichen vor Alkohol- und Drogenkonsum und einem Abgleiten in die Kriminalität zu bewahren, sollte es in jeder Stadt und bei größeren Orten in jedem Stadtteil mit weiterführenden Schulen ferner öffentliche Freizeiteinrichtungen geben. Zu unterscheiden sind Jugendheime für organisierte Jugendgruppen und Häuser der offenen Tür (OT) für nicht organisierte Jugendliche. Früher schlossen sich die jüngeren Schüler in der Regel einer Jugendgruppe an, allein schon weil sie in die Disco noch nicht eingelassen wurden, während die älteren die OT bevorzugten. Heute geht der Trend zur OT. Organisierte Gruppen haben stark abgenommen. Daneben sollten nach Möglichkeit auch die weiterführenden Schulen auf Ganztagsbetrieb umgestellt werden, zumindest in sozialen Brennpunkten und dort, wo es keine öffentlichen Freizeiteinrichtungen (mehr) gibt.

Weiter fordern die Richtlinien der Deutschen Olympischen Gesellschaft Sportanlagen. Der „Goldene Plan" unterscheidet Freianlagen (z. B. Sportplätze), gedeckte Anlagen (z. B. Turnhallen) sowie Frei- und Hallenbäder; zunächst die Freianlagen: Dazu zählen die Spielfelder für die in Deutschland üblichen Ballspiele, Anlagen für Leichtathletik und für Freizeitsport. Für jede Spielart sind die unterschiedlichen Spielfeldmaße genau festgelegt. Die Zusammenfassung eines Spielfeldes mit Leichtathletikanlagen wird als Kampfbahn bezeichnet. Es gibt vier Kampfbahngrößen von A für internationale Wettkämpfe bis D für Schulsportanlagen und kleine Gemeinden. Freisportanlagen dienen dem Sportunterricht der Schulen, den Sportvereinen und dem privat betriebenen Freizeitsport. Für die Schulsportanlagen macht der „Goldene Plan" konkrete Vorschläge für verschiedene Schulgrößen, wobei die Sportfläche nicht proportional zur Schulgröße zunimmt. Ferner sollten die

Sportplätze so nahe bei den Schulen liegen, dass sie in einer 5-Minuten-Pause zu erreichen sind. Mehrere weit auseinander liegende Schulen benötigen daher fast doppelt soviel Freisportfläche wie ein großes Schulzentrum mit derselben Schülerzahl.

Anders dagegen der Bedarf der Sportvereine: Sie brauchen für alle üblichen Sportarten wettkampfgerechte Spielfelder, dazu für Training oder verschiedene Mannschaften mehrere Plätze. Das ergibt eine Nutzfläche von mindestens 6, besser 8–10 ha Größe. Nun sollen nach dem „Goldene Plan" die Freianlagen für Schul- und Vereinssport zusammen 3 m²/EW nutzbare Fläche nicht überschreiten. Dazu kommen wieder bis zu 50 % Nebenflächen für Wege, Gebäude, Zuschauer- und Kfz-Stellplätze. 3 m²/EW lassen sich in selbstständigen Orten oder integrierten Stadtteilen ab etwa 20.000 EW einhalten, wenn die Vereinssportanlagen und die Schulsportplätze zu einer Bezirkssportanlage von mindestens 6 ha Größe in der Nähe der weiterführenden Schulen zusammengefasst werden können. Freizeitsportanlagen schließlich sind Trimmbahnen, Waldsportpfade, Fitnessanlagen und dergleichen. Insgesamt soll ihre nutzbare Fläche 1 m²/EW betragen, zuzüglich ca. 50 % Nebenflächen. Da die Größe dieser Anlagen jedoch im Gegensatz zu den Spiel- und Sportplätzen nicht genau festgelegt ist, schlägt der „Goldene Plan" in Gemeinden unter etwa 20.000 EW kombinierte Schul-, Vereins- und Freizeitsportanlagen vor, in denen die Spiel- und Sportplätze auf Kosten der Freizeitflächen bis auf 4 m²/EW erhöht sind.

Auch bei den Freisportanlagen sind gemäß Kap. 2 in erster Linie die vorhandenen Sportstätten zu erhalten. Bei Neuplanungen ist wieder auf den Lärmschutz besonders zu achten. Sportplätze sind zum Beispiel in Reinen Wohngebieten nach Baunutzungsverordnung nur ausnahmsweise zuzulassen. Der Nachweis ausreichender Schallschutzmaßnahmen durch ein Fachgutachten ist stets erforderlich. In dicht bebauten, älteren Stadtteilen herrscht regelmäßig großer Mangel an Freisportanlagen. Bei starkem Bevölkerungsrückgang lassen sich jedoch durch großflächigen Abbruch von Wohngebäuden oder auf ausgedehnten Industriebrachen wie im Ruhrgebiet vielleicht ausreichend Freiflächen für eine großzügige neue Bezirkssportanlage gewinnen.

Bei den gedeckten Sportanlagen als Nächstes unterscheidet der Goldene Plan Gymnastikräume, Turnhallen für Turnübungen, aber auch für Volleyball, Turnhallen, die zusätzlich für Basketball und Handball ausreichen, sowie Spiel- und Sporthallen für alle hierzulande üblichen Hallenspiele wie Hockey oder Tennis. Aus dem für jede Sportart genau festgelegten Flächenbedarf ergeben sich die Abmessungen der verschiedenen Hallen. Die gedeckten Sportanlagen dienen wieder dem Sportunterricht der Schulen, den Sportvereinen und dem privaten Freizeitsport. Für weiterführende Schulen empfiehlt der „Goldene Plan" eine Normalturnhalle für 10 Klassen. Ferner sollen die Turnhallen so nahe bei den Schulen liegen, das sie in einer 5-Minuten-Pause zu erreichen sind.

Anders der Bedarf der Sportvereine: Sie brauchen eine Halle, die möglichst für alle üblichen Hallenspiele ausreicht, also am besten eine Spiel- und Sporthalle, zumindest aber eine Großturnhalle. Andererseits soll die Hallenfläche insgesamt 0,1 m²/EW, in kleinen Gemeinden max. 0,15 m²/EW nicht überschreiten, ein Wert, den allein die erforderlichen Schulturnhallen oft schon erreichen und der deshalb nur einzuhalten ist, wenn in jedem Ort oder Stadtteil mit Schulen der Sekundarstufe drei Normalturnhallen, die tagsüber mit dem Sportunterricht der Schulen voll ausgelastet sind, zu einer Spiel- und Sporthalle zusammengefasst werden können. Bei geringerer Bevölkerung ist zumindest eine Groß-turnhalle für den Vereinssport anzustreben, die für den Schulsport in zwei Turnhallen aufteilbar ist. Für den Freizeitsport schließlich sind einige Hallen an einem oder mehreren Abenden in der Woche zu reservieren.

Für die Frei- und Hallenbäder leitet der „Goldene Plan" wieder aus dem für jede Was-sersportart festgelegten Flächenbedarf die Richtmaße für alle Bäder vom Lehrschwimm-becken bis zur Großschwimmhalle für internationale Wettkämpfe ab. Andererseits dienen Bäder und damit ihr Wasserflächenbedarf in größerem Umfang als andere Sportanlagen der Freizeit und Erholung. Das gilt besonders für Freibäder, deren Wasserfläche etwa 1.000 m² nicht unterschreiten und ca. 3.500 m² nicht wesentlich überschreiten soll. Ferner ist die Wasserfläche in Relation zur Bevölkerung auf 0,1 m²/EW, bei geringer Einwohner-zahl auf max. 0,15 m²/EW zu begrenzen. Das ergibt ein Freibad auf ca. 7.000–35.000 EW. Deshalb sollte zumindest jeder selbstständige Ort oder in größeren Städten jeder Stadtteil mit Schulen der Sekundarstufe auch ein Freibad besitzen.

Der Grundstücksbedarf bei der Planung eines neuen Freibades für Liegewiesen, Gebäu-de, Kfz-Stellplätze usw. ist etwa zehnmal so groß wie die Wasserfläche. Weiter ist eine land-schaftlich schöne, sonnige und windgeschützte Lage wichtig. Andererseits verursachen Freibäder erheblichen Lärm. Auf Lärmschutz beispielsweise für Wohnbebauung in der Umgebung ist deshalb bei Neuplanungen besonders zu achten. In dicht bebauten Stadttei-len gibt es meistens kein Grundstück, das alle diese Bedingungen erfüllt. Ist ein Hallenbad vorhanden, kann es vielleicht um ein Freibecken erweitert werden. Kombinierte Frei- und Hallenbäder sind wesentlich wirtschaftlicher als getrennte Anlagen, weil die Wasserauf-bereitungstechnik, Nebenräume, Räume und Personal für beide Bäder ganzjährig genutzt werden können. Auch bei den Hallenbädern schließlich gibt der „Goldene Plan" Richtma-ße an und begrenzt die Wasserfläche in Relation zur Bevölkerung. So erfordert schon ein Normalhallenbad eine Bevölkerungsbasis von rund 100.000 Einwohnern. Damit gehören Hallenbäder nicht mehr zu den stadtteilbezogenen Einrichtungen dieses Abschnitts.

4.3.5 Gesamtstädtische Anlagen

Weiter gibt es Einrichtungen, die aus Gründen der Wirtschaftlichkeit eine so große Bevöl-kerungsbasis benötigen, dass sie nicht in jeder Kleinstadt oder in jedem Stadtteil größerer Orte angeboten werden können. Volkshochschulen, Musikschulen, Stadtbüchereien oder Bürgerhäuser beispielsweise erfordern mindestens etwa 50.000 EW. Für eine vollständige Kommunalverwaltung rechnet man mindestens 100.000 EW, die deshalb im Allgemei-nen die Untergrenze für kreisfreie Städte und Landkreise darstellen. Auch bei der Polizei gibt es eine Vollzugseinheit mit Hauptstelle pro Großstadt oder Landkreis, also ab min-destens 100.000 EW. Für Theater, Opernhäuser und Konzertsäle mit eigenem Orchester stellen erst ca. 500.000 EW die unterste Grenze der Bevölkerung dar. Andererseits ist bei vielen Einrichtungen die Erreichbarkeit wichtig. Klein- und Mittelstädte in Landkreisen besitzen deshalb eine unvollständige Verwaltung, die zumindest alle Ämter umfasst, bei denen wegen Besucherverkehr (z. B. Einwohnermeldeamt, Sozialamt) oder Tätigkeiten im Außendienst (z. B. Bauaufsicht) die örtliche Durchführung erwünscht ist, und die durch die Kreisverwaltung mehr oder weniger stark ergänzt wird. Auch die Polizei muss im Notfall schnell zu erreichen sein. Deshalb gibt es in Landkreisen außer der Hauptstelle in allen Mittel- und Kleinstädten ständig besetzte Polizeireviere.

Bei der Planung dieser Einrichtungen ist wieder nach Kap. 2 vorzugehen: In erster Linie sind die vorhandenen, oft in Jahrhunderten gewachsenen Strukturen zu erhalten. Ein traditionsreiches Schauspielhaus, aber auch die Volkshochschule oder die Jugendmusikschule sind für die Urbanität einer Stadt von größter Bedeutung. Wird ein Neubau benötigt, sind zunächst leer stehende ältere Gebäude in Betracht zu ziehen. Eine Verwaltung in einem ehemaligen Schloss, ein Konzertsaal in einer früheren Kirche oder ein Museum in einem stillgelegten Bahnhof können sowohl hochbaulich als auch städtebaulich besonders reizvoll sein, wie schon in Abschn. 2.4.2 behandelt. Wenn bei einer Einrichtung gespart werden muss, bietet in vielen Fällen die Kooperation mit einer Nachbargemeinde die günstigste Lösung, etwa bei Volkshochschulen und Musikschulen oder Stadtbüchereien. Muss schließlich eine Einrichtung ganz geschlossen werden, sind doch die Gebäude weiter gewerblich oder wohnungsmäßig zu nutzen oder, wenn die Bausubstanz nicht erhaltenswert ist, zumindest die oft sehr wertvollen innerstädtischen Grundstücke einer neuen Nutzung zuzuführen.

Gesamtstädtische Einrichtungen, deren Erhaltung gegenwärtig besonders häufig große Probleme aufwerfen, sind die Ortskrankenhäuser in Kleinstädten. Schon die kleinsten, die „Minimalversorgung" mit nur zwei Stationen für Chirurgie und Innere Medizin, erfordern über 50.000 EW als Bevölkerungsbasis, die „Normalversorgung" bereits 400.000 EW und Universitätskliniken mit allen Fachabteilungen noch weit mehr. Dem steht ein starkes Überangebot an Krankenhausbetten gegenüber, Tendenz wegen der aktuellen Bestrebungen zur Krankenhausreform mit Sicherheit weiter zunehmend. Deshalb werden wohl in Zukunft nur noch Mittelstädte ab 50.000 EW ein eigenes Krankenhaus behalten. Viele Häuser in kleineren Orten sind in den letzten Jahren bereits geschlossen worden. Bei Pflegefällen von großer Verweildauer ist jedoch der Ortsbezug und häufiger Besuch zumeist wichtiger als die ärztlich und technisch bessere Ausstattung im Kreiskrankenhaus.

Nun nimmt mit der wachsenden Zahl älterer Menschen in Deutschland auch die Zahl der Pflegefälle stark zu, die nur noch stationär versorgt werden können. In Nordrhein-Westfalen beispielsweise kommen heute schon acht Pflegeheimplätze auf 1000 Einwohner, mehr als alle Krankenhausbetten auf Ortsebene zusammen, und der Bedarf steigt rasch weiter. Wo immer möglich, sollten deshalb Ortskrankenhäuser in Kleinstädten in Pflegeheime umgewandelt werden, vorwiegend für Senioren, aber auch für andere Pflegefälle, zum Beispiel Koma-Patienten. Daneben ist älteren Menschen möglichst lange eine unabhängige Lebensführung zu ermöglichen, durch altengerechte Wohnungen, durch ambulante Pflegedienste, durch „Essen auf Rädern" sowie durch Besuchsdienste, Altencafés oder Altenclubs, denn ebenso schwer wie körperliche Gebrechen wiegt oft die Einsamkeit im Alter.

Schließlich gibt es auch bei den gesamtstädtischen Anlagen wieder Grünflächen, zum Beispiel die Friedhöfe: Der Flächenbedarf hängt von der Zahl der Bestattungen, von dem Anteil der verschiedenen Bestattungsarten wie Erdbestattung oder Verbrennung u. a. ab und beträgt im Durchschnitt 1,5–2 m²/EW. Dazu kommen Nebenflächen für Wege, Gebäude, Stellplätze, Pflanzungen, Gärtnerei usw., die je nach Größe, Topographie und Baumbestand des Friedhofs zwischen 100 und 200 % der Grabfelder ausmachen können. Der Bruttoflächenbedarf der Friedhöfe beträgt damit im Allgemeinen zwischen 3 und 6 m²/EW. Die Wandlung in der Auffassung vom „Gottesacker" neben der Kirche zum säkularisierten Friedhof hatte zur Folge, dass in den meisten Städten die zu klein gewordenen kirchlichen Friedhöfe der verschiedenen Konfessionen durch einen großen städtischen Friedhof ergänzt oder abgelöst worden sind oder noch werden, der wegen des hohen Flächenbedarfs regelmäßig weitab vom Zentrum liegt. Unter rein wirtschaftlichen Gesichtspunkten wie Auslastung des Personals, der Kapelle und der Geräte (z. B. Grabbagger) ist eine Friedhofsgröße für mindestens 100.000 EW anzustreben. Andererseits sind Friedhöfe jedoch auch besonders viel besuchte öffentliche Grünanlagen. Die meisten Besucher sind schon älter und besitzen oft keinen Wagen mehr. Deshalb ist eine gute Erreichbarkeit zu Fuß oder mit öffentlichen Verkehrsmitteln wichtiger als eine wirtschaftlich optimale Größe.

4.4 Zusammenfassung

Die stark unterschiedlichen Anforderungen der verschiedenen gewerblichen und nichtgewerblichen Einrichtungen und Freiflächen lassen sich am besten alle zusammen berücksichtigen, wenn man zunächst das Stadtgebiet kleinerer Orte mit bis zu etwa 20.000 EW in drei Stufen, bei größeren Städten in vier Stufen gliedert. Mittel- und Großstädte bestehen regelmäßig aus Stadtteilen mit einem eigenen Einkaufs- und Dienstleistungszentrum für aperiodischen Bedarf sowie weiterführenden Schulen und Sportanlagen. Die Wohnfolgeeinrichtungen erfordern in der Regel eine Bevölkerungsbasis von mindestens 20.000 EW in ländlichen Gemeinden bis 30.000 EW in Großstädten. Mehr Einwohner sind immer möglich, weniger nur in Sonderfällen: So reichen beispielsweise für eine Gesamtschule anstelle des üblichen dreigliedrigen Schulsystems bereits ca. 13.000 EW (Land) bis 20.000 EW (Großstadt) im Allgemeinen aus. Gleichzeitig soll die Entfernung der Wohnungen von den zentralen Einrichtungen 1.500–2.000 m Fußweg nicht wesentlich überschreiten. Das entspricht im Allgemeinen einem Radius von 1.000–1.500 m Luftlinie um die Mitte, wenn der Einzugsbereich nicht durch natürliche Grenzen wie Flüsse, Seen, Wälder oder Steilhänge oder durch vom Menschen geschaffene Hindernisse, zum Beispiel eine Eisenbahnlinie, eine Autobahn oder eine große Fabrik, noch mehr eingeschränkt wird. Diese Entfernungen und eine ausreichende Bevölkerungsbasis zugleich sind jedoch heute in vielen Städten oder Stadtteilen wegen der zunehmenden Auflösung aller Gemeinden nicht oder nicht mehr gegeben. Dann müssen die weiter vom Zentrum entfernt liegenden Wohngebiete durch öffentliche Verkehrsmittel ausreichend erschlossen werden; Näheres dazu in Abschn. 5.1.4.

Als Nächstes sind alle Kleinstädte sowie alle Stadtteile größerer Orte in Viertel oder Quartiere einzuteilen, mit einer eigenen Grundschule, einem Nahversorgungszentrum für periodische Waren und Dienstleistungen sowie Spiel- und Erholungsbereichen für jedes Alter. Die Entfernung der Wohnungen von den Nebenzentren soll 1.000 m Fußweg möglichst nicht überschreiten. Das entspricht etwa einem Radius von 700–750 m Luftlinie um die Mitte, wenn der Einzugsbereich nicht durch natürliche oder gebaute Grenzen noch weiter eingeschränkt wird. Gleichzeitig erfordern die Wohnfolgeeinrichtungen eine Bevölkerung im Einzugsbereich von mindestens 5.000 EW (Land) bis 7.500 EW (Großstadt). Auch diese Einwohnerzahl ist wegen der progressiven Auflösung aller Städte in vielen Quartieren nicht mehr gegeben. Dann sind – im Gegensatz zu den oben angeführten Stadtteilen – nicht die Einzugsgebiete zu vergrößern, sondern die Wohnfolgeeinrichtungen zu verkleinern. Es sollten jedoch im Allgemeinen mindestens ca. 2.000 EW (Land) bis 3.000 EW (Großstadt) als Bevölkerungsbasis erhalten bleiben. Deshalb sind Kleinstädte und Stadtteile größerer Orte in mindestens vier, bei geringerer Einwohnerdichte auch mehr Viertel zu gliedern.

Weiter sind alle Viertel in allen Wohn- und Mischgebieten in Nahbereiche zu unterteilen mit jeweils eigener Kinderkrippe, Kindergarten und einem öffentlichen Kinderspielplatz. Die Entfernung der Ziele für die Kinder von den Wohnungen soll 500 m Fußweg möglichst nicht überschreiten. Das ist gegeben, wenn die Wohnungen im Umkreis um die Mitte mit einem Radius von ca. 350 m Luftlinie liegen, sofern das Einzugsgebiet nicht durch natürliche oder gebaute Grenzen noch mehr eingeschränkt wird. Gleichzeitig erfordern diese Anlagen ausreichend Kinder im Einzugsbereich oder, in Abhängigkeit von der jeweiligen Geburtenrate, etwa 1.700–2.500 EW. Auch diese Bevölkerungsbasis ist oft nicht (mehr) gegeben. Dann sind jedoch keinesfalls die Nahbereich zu vergrößern, sondern stets die zentralen Anlagen zu verkleinern, ohne Begrenzung nach unten, notfalls für ein paar 100 Einwohner. Deshalb sind alle Viertel in mindestens vier, bei geringerer Einwohnerdichte aber auch deutlich mehr Nahbereiche zu gliedern.

Schließlich sind viele Nahbereiche noch weiter unterteilt in Nachbarschaften. Die meisten Nachbarschaften sind verkehrsfrei; Näheres in Abschn. 5.3.5. Deshalb ist ihre Ausdehnung in der Regel auf rund 100 m Gehweglänge beschränkt. Die Einwohnerzahl kann unter 10 Personen in einem kleinen Mehrfamilienhaus bis über 100 EW in einer kurzen Stichstraße betragen. Vorhandene Nachbarschaften sind gemäß Kap. 2 im Interesse der Urbanität zu erhalten, auch wenn es die Nachbarschaft als erlebte Gemeinschaft besonders in den Großstädten heute so gut wie nicht mehr gibt. Selbst bei der Planung neuer Wohngebiete oder bei der Sanierung älterer Gebiete kann die Gliederung eines Nahbereiches in Nachbarschaften der Urbanität nur förderlich sein. Beispiele für die Gliederung von (Klein)-städten oder Stadtteilen in Viertel, Nahbereiche und Nachbarschaften zeigt u. a. das Buch des Verfassers „Städtebau. Ein Grundkurs".

Die Verkehrsplanung

5

5.1 Allgemeines

5.1.1 Die Entwicklung des innerörtlichen Verkehrs

Nach der Planung der Wohnbebauung und der Wohnfolgeeinrichtungen erfolgt zuletzt die kommunale Verkehrsplanung. Ausgangspunkt ist auch hier wieder die Ermittlung des Verkehrsbedarfs. Die Zahl der Fahrten mit dem Auto (Individualverkehr, IV) oder mit öffentlichen Verkehrsmitteln (ÖV) sowie der Wege zu Fuß oder mit dem Rad ohne den Durchgangsverkehr in einem Baugebiet hängt ab von der Wohnbevölkerung und den Arbeitsplätzen im Gebiet, von der Bebauung (z. B. Mietwohnungen oder Eigenheime), von der Größe des Gebiets, seiner sozialen Infrastruktur und der Lage in der Stadt (z. B. Erreichbarkeit mit öffentlichen Verkehrsmitteln) u. a. m. Das Verkehrsaufkommen eines Baugebiets lässt sich dementsprechend sehr differenziert ermitteln; Näheres in: Hinweise zur Schätzung des Verkehrsaufkommens von Gebietstypen, Hrsg. Forschungsgesellschaft für Straßen- und Verkehrswesen, Köln 2006. Insgesamt hat das Verkehrsaufkommen in Städten seit 1950 leicht zugenommen. Andererseits könnte die Entwicklung der Kommunikationstechnik vom Telefon bis zum Internet in Zukunft viele Wege überflüssig machen. Man denke an Teleshopping oder Telebanking. Auch der Heimarbeit wird ein großes Potenzial, besonders im tertiären Wirtschaftssektor vorausgesagt, s. Abschn. 4.2.4. Daher soll im Folgenden davon ausgegangen werden, dass der Quotient Fahrten pro Einwohner und Tag in den Städten sich kurzfristig nicht wesentlich verändern wird.

Wegen des zu erwartenden Bevölkerungsrückgangs wird dennoch der innerörtliche Verkehr in Zukunft insgesamt abnehmen, aber von Stadt zu Stadt in unterschiedlichem Maße: Bei zunehmender Bevölkerung ist mit einem entsprechenden Verkehrswachstum, bei stagnierender oder schrumpfender Einwohnerzahl mit Stagnation oder Rückgang des Verkehrs zu rechnen. Weiter hängt die Verkehrsmenge von der mittleren Wegelänge ab, nach der Formel Verkehrsmenge = Zahl der Fahrten mal mittlere Wegelänge. Die durchschnittliche Wegelänge ist infolge der ständigen Ausdehnung aller Städte bisher generell gestiegen. Aber wie in Kap. 3 beschrieben, ist diese Tendenz durchaus umkehrbar. Der

J. Meyer, *Nachhaltige Stadt- und Verkehrsplanung*, DOI 10.1007/978-3-8348-2411-0_5,
© Vieweg+Teubner Verlag | Springer Fachmedien Wiesbaden 2013

Trend zurück in die Stadt führt in immer mehr Gemeinden zur Stabilisierung, bei deutlich sinkender Bevölkerung an der Peripherie sogar zu einer Abnahme der mittleren Wegelänge. Ebenso hat die Tendenz zur Entmischung aller Städte in der Vergangenheit zu einem beständigen Wachstum der Wegelänge beigetragen. Auch dieser Trend ist umkehrbar, wie in Kap. 4 ausgeführt. So wird sich die Summe aller Fahrten und Wege von Stadt zu Stadt verschieden entwickeln, je nachdem, ob die Einwohnerzahl und die mittlere Wegelänge stagnieren, zu- oder abnehmen.

Die bisherige Ausdehnung und Entmischung der meisten Städte hatte ferner zur Folge, dass immer mehr Ziele nicht mehr zu Fuß oder mit dem Rad zu erreichen sind. Der Anteil der Fußgänger und Radfahrer am Gesamtverkehr beträgt in älteren, in den Nutzungen noch gut gemischten Städten etwa 30–40 %, in aufgelockerten neueren Wohngebieten und ländlichen Räumen dagegen nur noch 20–30 %. Auch der Anteil des öffentlichen Personennahverkehrs nimmt infolge der ständigen Auflockerung fast aller Orte immer weiter ab. Insgesamt liegt der Anteil des Individualverkehrs daher in älteren Städten im Mittel um 50 %, an der Peripherie der Orte und im Umland dagegen im allgemeinen zwischen 60 und 70 %. Auflockerung und Entmischung der Bebauung bewirken also stets eine erhebliche Zunahme des Autoverkehrs. Die Werte variieren jedoch von Stadt zu Stadt und auch innerhalb einer Gemeinde so stark, dass für Verkehrsplanungen nicht von diesen Durchschnittswerten ausgegangen werden kann, sondern das Verkehrsaufkommen für jedes Gebiet neu ermittelt werden muss.

Außerdem hat die Zahl der Fahrzeuge und ihr Gebrauch pro Einwohner in der Vergangenheit beständig zugenommen. Daher gehen viele Fachleute von einem weiteren Anstieg des IV-Anteils im kommunalen Verkehr auch in Zukunft aus. Andererseits steigt die Zahl der Senioren, der Arbeitslosen oder Geringverdiener, die sich keinen Wagen mehr leisten können. Wenn zudem die Kraftstoffpreise so hoch bleiben wie zur Zeit oder sogar noch weiter steigen, ist daher eher mit einer Umkehr der Wachstumstendenz im IV in naher Zukunft zu rechnen, und ziemlich sicher wird eine immerhin mögliche Zunahme durch die generelle Abnahme der Bevölkerung in Deutschland überkompensiert werden.

Nun reicht in den Städten, deren Straßennetz zu einer Zeit entstanden ist, in der es noch keine Autos gab, der verfügbare Straßenraum regelmäßig nicht aus, die Massen des fließenden und ruhenden IV zu fassen. Insbesondere staut sich in allen größeren Städten der motorisierte Verkehr an jedem Werktag morgens in Richtung Stadtmitte und nachmittags in der Gegenrichtung aus der Stadt heraus. Die traditionelle Lösung der Verkehrsplanung besteht in einer Ausweitung der Verkehrsflächen wie 4–6-spurige Schnellstraßen, Verbreiterung der Verkehrsknoten oder dem Bau von weiteren Parkhäusern. Aber die Steigerung der Leistungsfähigkeit eines Verkehrsnetzes ist, wie noch zu zeigen sein wird, recht begrenzt. Auch die Verkehrsmenge lässt sich, wenn überhaupt, dann nur langfristig verändern, anders dagegen der IV-Anteil am Gesamtverkehr: Der Fußgänger- und Radfahreranteil kann durch die Verbesserung des Fuß- und Radwegenetzes deutlich gesteigert werden, ebenso der Anteil des Öffentlichen Personennahverkehrs, wenn man dem ÖV soweit erforderlich Vorrang vor dem IV einräumt. Dadurch lässt sich der Anteil des IV im

Extremfall, zum Beispiel in der City einer Millionenstadt oder in einer denkmalgeschütz-ten Altstadt, auf unter 20 % senken; Näheres dazu in den Abschn. 5.2–5.4.

5.1.2 Gesamtstädtische Straßennetze nach C. Buchanan

Gemäß der in Kap. 2 dargestellten Grundregel ist in vorhandenen Städten im Interesse der Urbanität vor allem das oft in Jahrhunderten gewachsene historische Straßennetz zu erhalten, insbesondere wenn es unter Denkmalschutz steht. Auch die Mischung von Fuß-gängern und Autofahrern in einer belebten Einkaufsstraße oder von fließendem und ru-hendem IV, etwa die abgestellten Fahrzeuge in einer ruhigen Wohnstraße, oder Fußgänger und Radfahrer auf dem Weg zur Arbeit oder zur Schule tragen zur Belebung des Straßen-bildes bei. Die Amerikanerin Jane Jacobs schreibt ihn ihrem schon erwähnten Buch „Tod und Leben großer amerikanischer Städte" bereits 1963: Je mehr Menschen in eine Straße kommen, ganz gleich, ob sie dort wohnen, arbeiten, einkaufen oder zur Schule gehen, desto mehr belebt sich die Straße. Auch die Mischung von Fußgängern und Autos, selbst der brausende Großstadtverkehr und die mit abgestellten Wagen verstopften Straßen tra-gen zu einer urbanen Atmosphäre bei und sind daher anzustreben oder soweit vorhanden möglichst zu erhalten. Schließlich stellt die Erhaltung des gegebenen Straßennetzes regel-mäßig auch die ökonomisch und ökologisch sparsamste Lösung dar.

Die weitgehende Mischung von Gehen und Fahren ist jedoch nur akzeptabel, wenn für alle Verkehrsteilnehmer, insbesondere aber die Fußgänger, ausreichend Schutz vor den Emissionen und Gefahren, die vom IV ausgehen, geboten wird. Dabei muss der mehrstufi-gen räumlichen Gliederung der Stadt nach Abschn. 4.4 entsprechend differenziert werden: 1) Die unmittelbare Umgebung der Wohnung, die Nachbarschaft, sollte so weitgehend verkehrsfrei sein, dass auch Kleinkinder unter drei Jahren dort unter Aufsicht spielen kön-nen. 2) In den Nahbereichen aller Wohnungen ist die Zahl der Autos und ihre Geschwin-digkeit so stark zu beschränken, dass Kinder im Vorschulalter allein zum Spielplatz oder zum Kindergarten laufen können. 3) Auch in allen Wohnvierteln ist der IV noch so weit zu begrenzen, das Erstklässler im Alter von sechs Jahren allein zur Grundschule gelangen können. 4) In allen anderen Teilen der Stadt, zum Beispiel in den Zentren, die fast nur noch Handels- und Dienstleistungsbetriebe beherbergen, oder in den Arbeitsgebieten, ist ausreichende Sicherheit vor dem IV für Jugendliche, Erwachsene und besonders für die steigende Zahl der Senioren zu gewährleisten.

Das alles zusammen ist in den bestehenden Städten nur erreichbar, wenn das Straßen-netz so umgestaltet wird, wie es Colin Buchanan in seinem 1964 in deutscher Übersetzung erschienenen Buch „Verkehr in Städten" als Erster gefordert hat. Danach ist das Stadtgebiet in Verkehrszellen einzuteilen. Die Zellen sind miteinander zu verbinden durch Straßen, die sie nur tangieren, nicht durchschneiden. Jede Zelle ist für sich allein zu erschließen, wie im Hochbau: Wenn ein Gebäude unterschiedliche Räume hat, zum Beispiel ein Kranken-haus mit Krankenzimmern, Operationssälen, Küche usw., wird jedes Zimmer vom Flur her durch eine eigene Tür erschlossen. Wenn Essenswagen auf dem Weg von der Küche

zur Station durch Operationssäle geschoben würden, so wäre das ein schwerer Planungs-
fehler. In unseren Städten ist es aber weithin so: Da wälzt sich der Verkehr alltäglich aus
den Vororten durch ältere Wohn- und Mischgebiete ins Zentrum.

Wie groß können nun die Verkehrszellen sein? Die Mindestgröße sollte einem Nahbereich nach Abschn. 4.4 entsprechen. Wenn eine Verbindungsstraße ein Wohngebiet durch-
schneidet, ist das Gebiet in zwei oder mehr Nahbereiche aufzuteilen, die von der Verkehrsstraße nur noch tangiert werden. Zwar sollte jeder Nahbereich eine Einwohnerzahl von
etwa 1.700–2.500 EW möglichst nicht unterschreiten, aber wenn diese Bevölkerungsbasis
nicht gegeben ist, sind nicht die Nahbereiche über die Verbindungsstraße hinweg auszu-
dehnen, sondern stattdessen notfalls bis auf ein paar 100 Einwohner zu verkleinern und
die erforderlichen Wohnfolgeeinrichtungen auf beiden Seiten der Durchgangsstraße vorzusehen. Dasselbe gilt erst recht für Nachbarschaften. Über eine Verkehrsstraße hinweg ist
keine Nachbarschaftsbildung möglich. In anderen als Wohn- und Mischgebieten schließlich, zum Beispiel in Einkaufs- und Dienstleistungszentren oder in Industrie- und Gewerbegebieten, ist die Mindestgröße nicht begrenzt. Hier können die Verkehrszellen bis auf
einen (fast) beliebig kleinen Straßenblock reduziert werden.

Auch nach oben hat die Größe der Verkehrszellen Grenzen. Wenn beispielsweise ein
Wohngebiet nur an einer Stelle an das Netz der Verbindungsstraßen angebunden ist, wird
seine Größe durch die Leistungsfähigkeit dieses Knotens begrenzt. Erfahrungsgemäß können jedoch ganze Stadtviertel mit 7.000–8.000 EW über einen Knoten erschlossen werden,
ohne dass dort selbst in Verkehrsspitzenzeiten ein nennenswerter Stau auftritt. Periphere
Stadtviertel brauchen daher keinen vollständigen Straßenring. Es genügt eine Straßentan-
gente auf einer Seite. Bei noch größeren Wohngebieten oder Mischgebieten mit erheblichem zusätzlichem gewerblichem Verkehrsaufkommen ist zu prüfen, ob mehrere Anbin-
dungen an das Netz der tangierenden Verkehrsstraßen erforderlich werden. Umfasst eine
größere Verkehrszelle mehrere Nahbereiche, ist es ohnehin anzustreben, jeden Nahbereich
für sich an die tangierenden Verbindungsstraßen anzuschließen, um den IV zum Schutz
der Fußgänger auf die in einem Nahbereich unvermeidbare Menge zu beschränken.

5.1.3 Folgen für den Individualverkehr

Die Umgestaltung des Straßennetzes nach C. Buchanan führt zu erheblichen Veränderungen der Verteilung des IV. In den Verkehrszellen nimmt der IV umso mehr ab, je voll-
ständiger es gelingt, den gebietsfremden Durchgangsverkehr auszuschließen. Der Verkehr
wird dadurch aber nur auf die Tangenten verlagert, mehr: Da „nicht vermaschte" Netze
zumeist Umwegfahrten bedingen, wird die Abnahme des IV in den Zellen im Allgemeinen
durch eine Zunahme auf den Verbindungsstraßen deutlich überkompensiert. Außerdem
wohnen an den mit Durchgangsverkehr belasteten Straßen in der Regel auch Anlieger, die
ebenso Schutz vor den Emissionen und Gefahren des motorisierten Verkehrs brauchen
wie in den Verkehrszellen, zum Beispiel für Kinder im Vorschulalter auf dem Weg zum
Spielplatz oder zum Kindergarten. Die Bildung von Verkehrszellen erfordert daher regel-

mäßig zugleich den „Rückbau" der tangierenden Verkehrsstraßen, wodurch die Leistungsfähigkeit für den Durchgangsverkehr stets erheblich gemindert wird.

Rund die Hälfte des gesamten innerörtlichen IV ist entweder Zielverkehr, der morgens
aus den Wohngebieten und der Umgebung der Stadt ins Zentrum oder in größeren Städten in die verschiedenen Stadtteilzentren strebt, oder Quellverkehr, der nachmittags aus
den Zentren zurückfließt, oder der zumindest durch die Stadtmitte führt. Deshalb nimmt
die Verkehrsdichte vom Stadtrand zur Mitte hin beständig zu. Man spricht auch von einem
„Verkehrsgebirge" über der Innenstadt. Dabei konzentriert sich der IV meistens auf wenige
Hauptverkehrsstraßen, die ins Zentrum führen, bei kleineren Orten oft auf einen einzigen
Straßenzug, an dem die zentralen Einrichtungen wie Läden, Schulen oder Stadtverwaltung
liegen, und auf denen die Verkehrsdichte zur Mitte hin stark ansteigt.

Ferner ist der IV nicht nur räumlich, sondern auch zeitlich ungleich verteilt. Regelmäßig gibt es in den Städten morgens von 7 bis 9 Uhr eine kürzere und nachmittags zwischen
15 und 19 Uhr eine ausgedehntere und höhere Verkehrsspitze, bedingt durch Arbeits-,
Schul-, Ladenöffnungszeiten usw. Nun bemisst man die Straßennetze nie für die extreme
Verkehrsspitze, die nur einmal im Jahr erreicht wird, etwa in der Vorweihnachtszeit, sondern bisher im Allgemeinen so, dass sie für die Verkehrsmenge in einer Stunde ausreichen,
die 10 % des durchschnittlichen täglichen Verkehrs oder 30 % der durchschnittlichen Verkehrsspitze am Nachmittag entspricht. Die Leistungsfähigkeit von Straßen und Kreuzungen wird dabei in Pkw pro Stunde angegeben. Andere Fahrzeuge werden in Pkw-Einheiten
umgerechnet, also 1 Pkw = 1 Kfz-Einheit. Dieser Kompromiss, der erfahrungsgemäß all-
tägliche Verkehrsstaus in allen größeren Städten nicht ausschließt, wird jedoch inzwischen
von vielen Verkehrsplanern kritisch beurteilt.

Wegen des „Verkehrsgebirges" über der Innenstadt muss die Maschenweite des Verkehrsnetzes zur Mitte hin abnehmen, damit sich die wachsenden IV-Mengen auf mehrere Straßen und wichtiger noch auf möglichst viele Straßenknoten verteilen, weil die
Leistungsfähigkeit der Knoten generell weit geringer ist als die der Straßen; Näheres im
nächsten Abschn. 5.2. Andererseits soll, wie schon gesagt, die Größe der Verkehrszellen
in Wohn- und Mischgebieten einen Nahbereich nach Abschn. 4.4 nicht unterschreiten. In
vorhandenen Klein- und Mittelstädten besteht die günstigste Netzlösung daher regelmäßig in einem Straßenring, der das Stadtzentrum umschließt, und in den Verbindungsstraßen von allen Seiten einmünden. Bei Kleinstädten unter etwa 20.000 EW genügt oft auch
schon ein Teilring, in Großstädten werden dagegen mehrere Ringe erforderlich. In Köln
zum Beispiel gibt es einschließlich des Autobahnrings insgesamt vier Ringe oder Gürtel.
In bestehenden Städten ist es zumeist schwierig, eine Netzlösung zu finden, die alle diese
Bedingungen erfüllt und sich zugleich mit der Gliederung des Stadtgebiets in Nahbereiche
und Viertel deckt. Die vorhandenen Hauptverkehrsstraßen führen oft durch das Zentrum
der Wohn- und Mischgebiete, weil die Stadt an diesen Straßen entlang in das Umland
gewachsen ist. Hier ist, wie schon gesagt, im Interesse der Anlieger zunächst einmal ein
„Rückbau" erforderlich, der die Leistungsfähigkeit des Netzes für den Durchgangsverkehr
weiter mindert. Der Bau neuer, leistungsfähiger Verbindungsstraßen, zum Beispiel vier-

und mehrspuriger Schnellstraßen, ist zumeist nicht möglich, weil das Stadtgebiet weitgehend dicht bebaut ist, ganz abgesehen von den Kosten einer solchen Lösung.

Aber oft genügt auch schon der Neubau oder Ausbau weniger kleiner Straßenstücke, um die Leistung des ganzen Netzes entscheidend zu verbessern, etwa die Ringschließung um die Innenstadt oder in größeren Städten die Bildung mehrerer Ringe. Bisweilen ist auch ein Umbau des Netzes möglich, der die Leistungsfähigkeit ganz ohne Straßenneubauten steigert, beispielsweise durch die Umwandlung von zwei parallelen Straßen mit Gegenverkehr in zwei gegenläufige Einbahnstraßen. Schließlich reicht oft der leistungssteigernde Umbau einiger Kreuzungen aus, um die größten Staus im Netz zu beheben, denn wenn irgendwo der Verkehr stockt, so meistens nicht, weil dort die Straße zu eng ist, sondern weil der Verkehr an der nächsten Kreuzung nicht abfließt. Insgesamt aber ist die Steigerung der Leistungsfähigkeit eines gegebenen Straßennetzes begrenzt, denn je mehr man die Erreichbarkeit der Innenstadt mit dem Auto verbessert, desto mehr IV entsteht im Allgemeinen, sodass durch die meisten Straßenausbaumaßnahmen die Staus kaum weniger werden.

5.1.4   Der Öffentliche Personennahverkehr (ÖPNV)

Wenn das Netz der Verbindungsstraßen einer Stadt trotz der im letzten Absatz aufgeführten Ausbaumaßnahmen für den Individualverkehr nicht ausreicht, ist dem ÖPNV Vorrang vor dem IV einzuräumen. Wie viel weniger Platz der ÖPNV als das Auto benötigt, mögen folgende Zahlen verdeutlichen: Über einen Fahrstreifen können pro Stunde nur etwa 1.000 Personen im Pkw, mit durchschnittlich 1,3 Personen besetzt, befördert werden, mit einer Buslinie bereits ca. 5.000 und mit einer U-Bahn-Linie bis zu 35.000. Dabei ist räumlich zu differenzieren: Weil es in bestehenden Orten regelmäßig nur im Zentrum bzw. bei Großstädten in den verschiedenen Zentren zu wenig Straßen für den IV gibt, muss vor allem morgens für Fahrten in die Stadtmitte und nachmittags wieder heraus die Benutzung der öffentlichen Verkehrsmittel so attraktiv sein, dass sie vom Autofahrer angenommen werden. Dazu gehört insbesondere, dass sie nicht wesentlich mehr Reisezeit beanspruchen als der Pkw. Daher sind die Linien des ÖPNV grundsätzlich radial und ohne Umwege ins Zentrum zu führen. Auch ist dem ÖV durch eigene Gleiskörper, besondere Spuren auf verkehrsreichen Straßen oder Sonderphasen an ampelgeregelten Kreuzungen Vorrang vor dem IV einzuräumen, damit Busse und Bahnen zur Zeit der Verkehrsspitzen nicht mit im Stau stecken bleiben.

Außer der Fahrtdauer der ÖV sind weiter die Fußwege zur Haltestelle und von der Endhaltestelle zum Ziel möglichst kurz zu halten. Deshalb werden ÖPNV-Linien meistens durch die Schwerpunkte der Besiedlung sowie unmittelbar an Schul-, Einkaufs- oder Freizeitzentren vorbeigeführt. Aber neben der Verkürzung der Fußwege sollte auch das Ziel der flächendeckenden Verkehrsberuhigung nach C. Buchanan berücksichtigt werden. Daher sind Busse und Bahnen möglichst nicht durch die Verkehrszellen, sondern über die Verbindungsstraßen zu führen; mit zwei Ausnahmen: Dies gilt nicht in der Stadtmitte, Kerngebiet nach Baunutzungsverordnung mit untergeordneter Wohnnutzung, wo die Leitung des ÖPNV selbst durch Straßen, die für den Autoverkehr gesperrt sind wie Fußgängereinkaufszonen, überwiegend befürwortet wird. Zweitens sind die ÖPNV-Linien an ihrem stadtauswärts gelegenen Ende möglichst bis zu einem Schul-, Sport- oder Freizeitzentrum zu führen, denn der Schülerverkehr bildet allgemein das Rückgrat des ÖPNV. Schließlich ergibt die Verringerung der Haltestellenabstände zwar kürzere Fußwege, aber auch längere Fahrtzeiten des Verkehrsmittels. Deshalb soll der Einzugsbereich einer Bushaltestelle möglichst etwa 500 m und der Einzugsbereich einer U-Bahnstation ca. 1.000 m betragen. Das ist bei einer Gliederung der Stadt nach Kap. 4.4 gegeben, wenn Busse in jedem Nahbereich und U-Bahnen in jedem Viertel an möglichst zentraler Stelle einmal halten.

Weiter ist zeitlich zu differenzieren. Ein öffentliches Verkehrsmittel ist umso attraktiver, je häufiger es verkehrt. Nun benötigen der Berufs-, Schüler-, Einkaufs- und Freizeitverkehr den ÖPNV zu ganz unterschiedlichen Zeiten. Andererseits ist die Zahl der Fahrgäste begrenzt. Deshalb fahren Busse und Bahnen, besonders in dünn besiedelten Außenbereichen und in verkehrsschwachen Zeiten wie abends und am Wochenende, häufig mehr oder minder leer ihre Strecken ab. Um die Zahl der Leerfahrten zu reduzieren, können zum Beispiel Buslinien über die Endhaltestelle hinaus durch Sammeltaxen verlängert werden. Oder man setzt bei Fahrten in die Stadt statt eines Busses Anruf-Sammeltaxen ein. Verkehren mehrere Linien auf derselben Strecke, lassen sich durch zeitliche Staffelung Fahrten einsparen.

Nun werden die öffentlichen Verkehrsmittel nicht nur für Fahrten in die Stadtmitte und zurück benötigt. Alle Personen ohne eigenen Wagen, Jugendliche, Senioren, Behinderte, auch Mittellose, die sich kein Auto leisten können, müssen von allen Punkten in einer Stadt aus alle anderen Ziele mit dem ÖPNV erreichen können. Wegen der Ausrichtung aller ÖV-Linien auf das Zentrum wird daher jemand, der von einem Vorort in einen anderen, weit entfernten reisen möchte, regelmäßig zunächst in die Stadtmitte fahren und dort in eine zweite Linie umsteigen müssen, die zum Fahrtziel führt. Alle Linien sind möglichst an einem Punkt zu verknüpfen, damit für alle Fahrten im Stadtgebiet nur einmal umzusteigen ist. Bei kleineren Orten kann die Führung aller Linien über die Mittelachse, an der die zentralen Einrichtungen liegen, oder über den Innenstadtring zweckmäßig sein, bei größeren Städten ist meistens ein Zentraler Omnibusbahnhof (ZOB) am besten.

Wenn in sehr großen Städten mit mehreren 100.000 Einwohnern die Leistungsfähigkeit von Buslinien nicht ausreicht, sind Straßenbahnen in Betracht zu ziehen. Früher haben viele Großstädte im vermeintlichen Interesse des IV Straßenbahnen durch Busse ersetzt. Inzwischen hat man jedoch erkannt, dass diese viel leistungsfähiger (bis 20.000 Fahrgäste pro Stunde und Richtung) und auch platzsparender sind als Busse. Aber sie benötigen immer noch ca. 4 m² Straßenfläche pro Verkehrsteilnehmer in der Spitzenstunde. Reicht der verfügbare Straßenraum selbst dafür nicht aus, etwa in der City einer Millionenstadt, ist die Bewältigung des Personenverkehrs nur noch durch U-Bahnen möglich, die weniger als 1 m²/Person erfordern. Zwischen Straßen- und U-Bahnen gibt es verschiedene Übergangsformen: Straßenbahnen auf eigenem Gleiskörper, welche die Geschwindigkeit von

U-Bahnen erreichen; oder es werden nur wenige Linien oder nur eine einzige Strecke von äußerst begrenzter Länge im Stadtzentrum unter die Straße verlegt.

Für Busse und Bahnen sind getrennte, hierarchisch gegliederte Netze erforderlich. In einer Millionenstadt beispielsweise wird 1) ein geschlossenes S- und/oder U-Bahnnetz benötigt, damit man bei Fahrten im ganzen Stadtgebiet möglichst nur einmal umsteigen muss; in der City weitgehende Ausschaltung nicht nur des IV, sondern auch von Bus und Straßenbahn. 2) In den dicht bebauten, älteren Stadtteilen erhalten Bus und Straßenbahn Vorrang vor dem IV. Die radialen Buslinien leisten Zubringerdienste zu den Haltestellen der U-Bahn. Dasselbe Prinzip der Trennung und hierarchischen Gliederung der Netze gilt auch für das Verhältnis von innerstädtischem oder Nahverkehr zu Regional- und Fernverkehr. Der zentrale Verknüpfungspunkt des ÖPNV sollte in der unmittelbaren Umgebung des Fernbahnhofs liegen, zum Beispiel als ZOB auf dem Vorplatz des Hauptbahnhofs. Ebenso sind die Knotenpunkte der S-und U-Bahnlinien direkt in oder unter die Fernbahnhöfe zu legen, um Zeitverluste beim Umsteigen möglichst klein zu halten.

Schließlich das Problem der Kosten des ÖPNV: Um für Autofahrer eine akzeptable Alternative zu bieten, sollten die Fahrpreise des öffentlichen Verkehrs keinesfalls höher als die Kosten eines eigenen Wagens sein; und viele Fahrgäste, etwa Schüler oder Senioren, können noch deutlich weniger zahlen als Autofahrer. Andererseits sind die Unkosten des öffentlichen Personennahverkehrs bei großen Unterschieden von Stadt zu Stadt generell höher als die eines sparsamen Pkw, der mit mehreren Personen besetzt ist. Deshalb decken die heute schon allgemein als sehr hoch empfundenen Fahrpreise im öffentlichen Verkehr im Durchschnitt nur rund die Hälfte der Ausgaben. Den Rest müssen die Kommunen aufbringen, die ohnehin meist an ihren finanziellen Grenzen angelangt sind. Durch Fahrpreiserhöhungen und Leistungseinschränkungen lässt sich das Defizit kaum verringern, weil mit jeder Senkung der Attraktivität mehr Fahrgäste wegbleiben. Eine Lösung können dagegen verschiedene Vorschläge darstellen, durch Steuern oder Gebühren den IV teurer zu machen und die Einnahmen zweckgebunden für den öffentlichen Verkehr zu verwenden. So erheben zum Beispiel die Städte Oslo und Bergen, seit kurzem auch London für Fahrten ins Zentrum eine Straßenbenutzungsgebühr. Aber abgesehen vom hohen erforderlichen Aufwand, – man denke an die Autobahn-Maut für Lkw -, lässt sich dasselbe Ziel meistens einfacher durch eine Anhebung der Parkgebühren in Innenstädten erreichen; mehr dazu in Abschn. 5.4.3.

5.2　Verbindungsstraßen

5.2.1　Allgemeines

Im Gegensatz zu den in Abschn. 5.1 dargestellten allgemeinen Grundsätzen ist die Planung der einzelnen Verkehrsflächen von den Hauptverkehrsstraßen bis zu den Flächen für den ruhenden Verkehr durch Vorschriften detailliert geregelt. In diesem Abschnitt werden als Erstes die Verbindungsstraßen behandelt. Dazu zählen die großräumigen, überregiona-

len und regionalen Autobahnen und Landstraßen und die innerörtlichen Hauptverkehrs-
und Sammelstraßen, welche die verschiedenen Verkehrszellen untereinander und mit den
Nachbarstädten verbinden. Dazu gehören auch alle Straßen, die neben der Verbindungs-
funktion dem Anliegerverkehr dienen, wie bei angebauten Hauptverkehrsstraßen. Für die
innerörtlichen Verbindungsstraßen gelten die „Richtlinien für die Anlage von Stadtstraßen" der Forschungsgesellschaft für Straßen- und Verkehrswesen, Köln 2006 (RASt 06),
welche die bisher geltenden „Empfehlungen für die Anlage von Hauptverkehrsstraßen"
und die „Empfehlungen für die Anlage von Erschließungsstraßen" zusammenfassen.

Gemäß der in Kap. 2 dargestellten Grundregel ist bei vorhandenen Straßen im Interesse
der Urbanität wieder vor allem das oft in Jahrhunderten gewachsene historische Straßenbild zu erhalten. Dabei vermögen ältere Straßenräume, die zu einer Zeit entstanden sind,
als es noch keine Autos gab, die heute üblichen Massen von Fahrzeugen regelmäßig nicht
zu fassen. Verschärft wird der Konflikt, wenn denkmalgeschützte oder schutzwürdige
Straßenräume eine weitgehende Einschränkung des motorisierten Verkehrs erfordern. Die
dann notwendigen Veränderungen der Straße sind stets dem vorhandenen Straßenbild
anzupassen, in der Größe und Unterteilung der Verkehrsflächen, in der Gliederung des
Raums durch Bäume, Laternen u. a. bis hin zu Maßstab, Material und Farbe des Bodenbelags, wie in Abschn. 2.3.3 bereits näher behandelt. Das gilt auch für Straßenneubauten,
die sich ebenfalls in die Eigenart der näheren Umgebung einfügen müssen.

Weiter sind die unterschiedlichen Nutzungsansprüche aller Verkehrsteilnehmer zu berücksichtigen. Oft sind diese Ansprüche sehr kontrovers. Wenn beispielsweise verkehrsreiche Straßen Wohnquartiere tangieren oder gar durchschneiden, steht die erforderliche
Leistungsfähigkeit für den IV regelmäßig im Widerspruch zu dem Sicherheitsbedürfnis
der Fußgänger und Radfahrer. Dies gilt besonders für angebaute Hauptverkehrsstraßen,
gleichgültig ob es sich dabei um Wohnbebauung handelt oder um gewerbliche Nutzungen,
die Kunden- und Wirtschaftsverkehr erzeugen. Auch die Emissionen des motorisierten
Verkehrs, vor allem der Verkehrslärm, sind auf ein Maß zu reduzieren, das für Anlieger
und andere Verkehrsteilnehmer zumutbar ist. Daher werden im Folgenden zunächst Mindestanforderungen für alle Verkehrsarten formuliert und abschließend das Vorgehen in
der Entwurfspraxis behandelt, insbesondere wenn der vorhandene Straßenraum für die
Vielzahl der Ansprüche kaum oder gar nicht ausreicht.

5.2.2 Der motorisierte Verkehr (IV und ÖPNV)

Ein wesentliches Element jeder Straße ist die Fahrbahn für den Kfz-Verkehr. Ihre Breite
ergibt sich aus dem Raumbedarf der größten Fahrzeuge, die für sie in Betracht kommen.
Die RASt geben deshalb die Abmessungen aller Kfz vom Pkw bis zum Linienbus an. Dazu
kommen obere und seitliche Bewegungsspielräume beim Begegnen, Überholen und Vor-
beifahren an stehenden Fahrzeugen, die zudem auf Schnellverkehrsstraßen größer sind als
auf Verkehrsstraßen mit 50 km/h zulässiger Geschwindigkeit sowie in Kurven größer als
bei Geradeausfahrt. Addiert man schließlich zu Fahrzeugabmessungen und Bewegungs-

spielräumen noch obere und seitliche Sicherheitsabstände, ergeben sich Höhe und Breite des erforderlichen lichten Verkehrsraums.

Dem entsprechen die folgenden Standardbreiten für Fahrbahnen: Zweistreifige, für Gegenverkehr ausreichende Fahrbahnen sind in Verbindungsstraßen in der Regel 6,5 m breit. Bei geringem Linienbusverkehr genügen auch 6,0 m, bei geringem Lkw-Verkehr sowie ohne Busverkehr 5,5 m Breite. Umgekehrt erfordern größere Kfz-Verkehrsstärken oder große Begegnungshäufigkeit von Lkw und Bussen 7,5 m, bei beengtem Raum mindestens 7,0 m breite Fahrbahnen, die optisch in eine 4,5 m breite Fahrspur und 1,5–1,25 m breite Fahrbahnseitenstreifen auf beiden Seiten gegliedert sind. Die Seitenstreifen sind im Gegensatz zu Radfahrstreifen (s. u. 5.2.4) integrale Bestandteile der Fahrbahn, die allen Fahrzeugarten zur Verfügung stehen; Näheres siehe RASt. Vierstreifige Fahrbahnen für höhere Verkehrsleistungen bestehen aus zwei zweistreifigen Richtungsfahrbahnen, die im Allgemeinen 5,5–6,5 m breit sind, möglichst plus einem Mittelstreifen. Einstreifige Richtungsfahrbahnen schließlich sind im Regelfall 4,25 oder 3,75 m breit.

Neben der Breite ist weiter die Linienführung der Fahrbahn detailliert geregelt. Im Allgemeinen besteht ein Straßenzug aus Geraden und Kreisbögen. Die Geraden zwischen gegensinnig gekrümmten Kurven dürfen nicht zu kurz sein. Die Radien der Kreisbogen sollten eine von der Entwurfsgeschwindigkeit der Straße abhängige Mindestgröße wegen der in Kurven auftretenden Fliehkräfte nicht unterschreiten. Weiter ist die Längsneigung der Fahrbahn begrenzt. Wechsel in der Längsneigung müssen ausgerundet werden. Die RASt schreiben für anbaufreie Hauptverkehrsstraßen unter anderem Kurvenmindestradien, Höchstlängsneigung, Kuppen- und Wannenradien, alles in Abhängigkeit von der Entwurfsgeschwindigkeit der jeweiligen Straße, vor. An angebauten Hauptverkehrsstraßen dagegen sind nicht die Straßenelemente im Lage- und Höhenplan aus der Entwurfsgeschwindigkeit herzuleiten, sondern umgekehrt die Elemente des vorhandenen Straßenraums bestimmen die mögliche Höchstgeschwindigkeit.

Aus Fahrstreifenanzahl und -breite, Fahrbahndecke, Sichtverhältnissen, Krümmung und Neigung der Fahrbahn ergibt sich die Leistungsfähigkeit einer Straße, gemessen in Kfz-Einheiten pro Stunde. Obwohl sich zum Beispiel der Einfluss haltender, einparkender oder liefernder Fahrzeuge nicht generell erfassen lässt, geben die RASt für die Leistungsfähigkeit anbaufreier und angebauter Hauptverkehrsstraßen Anhaltswerte. Die folgenden Zahlen beziehen sich stets auf den Gesamtverkehr, also bei angebauten Verbindungsstraßen auf Durchgangs- und Anliegerverkehr, sowie bei Gegenverkehr auf den Verkehr in beiden Richtungen. Zweistreifige Fahrbahnen decken ein breites Spektrum möglicher Kfz-Verkehrsstärken ab. Sie liegen bei 5,5–7,5 m Fahrbahnbreite zwischen 1.400 und 2.200 Kfz/h, bei überbreiten zweistreifigen Fahrbahnen zwischen 1.800 und 2.600 Kfz/h. Die Kapazität zweistreifiger Richtungsfahrbahnen („Einbahnstraßen") beträgt ebenfalls zwischen 1.800 und 2.600 Kfz/h, die überbreiter einstreifiger Richtungsfahrbahnen zwischen 1.400 und 2.200 Kfz/h; Näheres siehe RASt.

5.2.3 Fußgänger

Ein weiteres wesentliches Element jeder Straße sind die Flächen für Fußgänger. Mindestbreite und lichte Höhe der Gehwege ergeben sich aus dem Raumbedarf von zwei Personen, die sich mit Einkaufstaschen, aufgespannten Regenschirmen oder einem Kinderwagen begegnen. Dabei ist ferner zu bedenken, dass auch Rollstuhlfahrer die Fußwege und nicht die Fahrbahn benutzen. Hinzu kommen wieder unterschiedliche Sicherheitsabstände zu Hauswänden, Mauern und Hecken sowie am Fahrbahnrand, von parkenden Fahrzeugen in Längs-, Schräg- und Senkrechtaufstellung, vor Schaufenstern usw. Deshalb beträgt die Gehwegbreite an Verbindungsstraßen im Allgemeinen mindestens 2,5 m, vor Schaufenstern 3 m oder möglichst mehr; Näheres siehe RASt. Die Längsneigung von Gehwegen ist mit Rücksicht auf Senioren und Rollstuhlfahrer möglichst unter 3 % zu halten. Da aber vorhandene Straßen in Altbaugebieten bis zu 10 % Steigung aufweisen können, ist spätestens ab 6 % ein griffiger Bodenbelag zu empfehlen.

Hinsichtlich der Sicherheit der Fußgänger vor dem Autoverkehr sind vier Fälle zu unterscheiden; Fall 1: Auf anbaufreien Straßen außerhalb von Wohn- und Mischgebieten bietet die Trennung von Fahrbahn und Fußweg durch ein Hochbord den Fußgängern ausreichende Sicherheit. Fall 2: Angebaute Verbindungsstraßen, die Wohn- und Mischgebiete nur tangieren, aber nicht durchschneiden, erfordern schon mehr Schutz zum Beispiel für Kinder im Vorschulalter, die allein zum Kindergarten oder zum Spielplatz laufen. Hier sollten Gehwege durchgängig durch einen dicht bepflanzten Schutzstreifen, bei innerstädtischen Straßen und begrenztem Raum auch Parkstreifen, von der Fahrbahn getrennt werden.

Fall 3: Angebaute Verbindungsstraßen, die Wohnviertel oder kleinere Orte durchschneiden, nicht nur tangieren, sind zum Beispiel die Hauptstraßen in Kleinstädten oder in Stadtteilen größerer Städte. In der regelmäßig geschlossenen Bebauung befindet sich oft ein dichter Besatz an Läden, Gaststätten und anderen Dienstleistungsbetrieben sowie Schulen, Kirchen oder die Stadtverwaltung. Auch in diesem Fall sollten Nahbereiche nur tangiert werden. Daher gilt für die Trennung von Gehen und Fahren dasselbe wie in Fall 2: durchgängig zumindest Parkstreifen zwischen Fahrbahn und Gehweg. Da die Verbindungsstraße aber ein Viertel zerschneidet, ist es unvermeidbar, dass beispielsweise Schüler, etwa Erstklässler auf dem Weg zur Grundschule, die Verkehrsstraße überqueren müssen. Deshalb sind Fahrbahnüberquerungsstellen für Fußgänger über die üblichen Zebrastreifen und Lichtsignalanlagen hinaus durch Geschwindigkeitsdämpfungsmaßnahmen für den Kfz-Verkehr wie Einengungen und Aufpflasterungen der Fahrbahn besonders zu sichern; Näheres in Abschn. 5.3.2. Bei geringerer IV-Belastung kann auch die Überquerbarkeit der Fahrbahn generell erleichtert werden, besonders wenn sich die Ziele der Fußgänger auf beiden Seiten der Hauptstraße befinden, durch eine Aufteilung der zweistreifigen Fahrbahn in zwei einstreifige Richtungsfahrbahnen mit Mittelstreifen; Abmessungen siehe RASt.

Fall 4: Bei hoch belasteten Hauptverkehrsstraßen schließlich, auf denen allein der Durchgangsverkehr schon eine vierstreifige Fahrbahn erfordert, ist der Konflikt zwischen der Leistungsfähigkeit für den IV und der Sicherheit der Fußgänger in der Regel so stark, dass nur die durchgängige Trennung der Fahrbahn für den Durchgangsverkehr von den Seitenräumen, zum Beispiel durch dicht bepflanzte Grünstreifen oder Leitplanken, die Mindestanforderungen für alle Verkehrsarten gewährleisten kann. In den Seitenräumen befinden sich nicht nur die Fußgängerbereiche, sondern Erschließungsstraßen für den gesamten Anliegerverkehr, also Kfz, Fußgänger und Radfahrer. Das größte Problem bei dieser Lösung besteht regelmäßig in der großen erforderlichen Straßenbreite. Sie beträgt im Allgemeinen mindestens 28 m; Näheres siehe RASt.

5.2.4 Radfahrer

Für Radverkehrsflächen hat die Forschungsgesellschaft für Straßen- und Verkehrswesen in Köln ergänzend zu den RASt „Empfehlungen für Radverkehrsanlagen" (ERA) herausgegeben. Danach ergeben sich Mindestbreite und lichte Höhe von Radwegen aus dem Raumbedarf von zwei Radfahrern im Fall der Begegnung oder Überholung. Dabei ist zu berücksichtigen, dass Rückspiegel, Kindersitze oder Anhänger die Grundmaße vergrößern können. Hinzu kommen wieder Bewegungsspielräume, wobei der große Anteil Rad fahrender Kinder zu bedenken ist, die das Geradeausfahren oft noch nicht sicher beherrschen. Daher sollte ein Radweg für Gegenverkehr möglichst 2,5 m, bei beengtem Raum mindestens 2,0 m breit sein. Einrichtungsradwege, zum Beispiel als Radfahrstreifen neben der Fahrbahn, benötigen 2,0 m, bei beengtem Raum mindestens 1,6 m Breite bzw. 1,0 m, wenn für Überholungen auf begleitende Gehwege ausgewichen werden kann. Zusätzlich sind die für die Gehwege erforderlichen Sicherheitsabstände, etwa von Mauern oder von Fahrbahnen und Parkständen (s. o.), erforderlich.

Die Längsneigung von Radwegen sollte 3 % möglichst nicht überschreiten, weil Steigungen für Radfahrer sehr beschwerlich sind. Auf kurzen Strecken, zum Beispiel bei Unterführungen, sind auch wesentlich größere Steigungen zulässig; konkrete Zahlen, etwa 8 % Steigung auf maximal 30 m Länge, siehe ERA. Nun ist grundsätzlich die Integration des Radverkehrs in die Verbindungsstraßen anzustreben, die wesentlich stärker geneigt sein können. Deshalb wird bei Steigungen, welche die in den ERA angegebenen Grenzen überschreiten, ein Breitenzuschlag von 0,6 m bei Radwegen empfohlen, weil auf Steigungsstrecken Radfahrer stärker pendeln oder absteigen und ihr Rad schieben. Besitzt eine Straße auf beiden Seiten Radwege oder Radfahrstreifen, ist der Zuschlag selbstverständlich nur für Fahrten bergauf erforderlich. Schließlich sind bei Radwegen nach ERA Mindestkurvenradien, Mindestkuppen- und Mindestwannenradien einzuhalten, die jedoch bei den in Verbindungsstraßen integrierten Radverkehrsanlagen wegen der viel größeren für Kfz erforderlichen Radien regelmäßig eingehalten werden.

Durch die Zusammenlegung der Verkehrsarten auf den Verbindungsstraßen ergibt sich ein doppeltes Problem: die Gefährdung der Radfahrer durch Kfz und die Gefährdung der Fußgänger durch Radfahrer. Außerhalb geschlossener Ortslagen und auf anbaufreien Strecken ist deshalb die Trennung des Radverkehrs sowohl von der Fahrbahn für Kfz als auch vom Fußgängerbereich durch separate Radwege am günstigsten. Insbesondere bei Verkehrsstärken von über 10.000 Kfz/Tag, bei höheren zulässigen Geschwindigkeiten des IV als 50 km/h, bei starkem Last- und/oder Busverkehr sowie auf kurvenreichen, unübersichtlichen Strecken ist nach ERA ein Trennsystem immer erforderlich. Auch bei starkem Radverkehr, beispielsweise in der Universitätsstadt Münster, wo ein erheblicher Teil der Studenten das Fahrrad benutzt, oder auf Steigungsstrecken über 4 %, wo viele Radfahrer absteigen, sind separate Radwege anzustreben. Bei geringem Radverkehr, zum Beispiel auf zwischengemeindlichen Verbindungsstraßen, ist auch Mischverkehr auf gemeinsamen Geh- und Radwegen möglich: Der Radweg reicht für einen Radfahrer im Normalfall aus, bei der Begegnung von zwei Rädern darf jedoch der Gehweg mitbenutzt werden.

Auf innerörtlichen, überwiegend angebauten Verbindungsstraßen sind dagegen Radfahrstreifen im Allgemeinen günstiger als separate Radwege, die neben der Fahrbahn auf gleicher Höhe liegen. Da in den Knotenpunkten der verfügbare Raum oft schon für den IV kaum ausreicht, ist für separate Radwege im Bereich der Knoten regelmäßig erst recht kein Platz. Wenn aber Radwege kurz vor den Kreuzungen immer wieder aufhören, führt dies zu häufigen Unfällen und geringer Akzeptanz der Radwege bei den Radfahrern. Radfahrstreifen müssen durch eine Längsmarkierung und/oder durch Material und Farbe des Bodenbelages deutlich von der Fahrbahn getrennt werden, da sie im Gegensatz zu Fahrbahnseitenstreifen (s. o.) vom Kfz-Verkehr nicht mitbenutzt werden dürfen. Bei beengtem Raum ist eine Reduzierung der Fahrbahn- und der Radfahrstreifenbreite möglich, sodass sie zusammen nicht breiter als eine Normalfahrbahn sind; siehe ERA. Reicht der verfügbare Raum selbst dafür nicht aus, erlauben die ERA, einen Teil der Fahrbahn als „Angebotsstreifen" dem Radverkehr zur bevorzugten Nutzung bereitzustellen. Eine Mitbenutzung der Angebotsstreifen durch Kfz ist jedoch erlaubt. Insgesamt bringen häufige Wechsel zwischen Radwegen und Radfahrstreifen oder Radwege nur an einigen Hauptverkehrsstraßen wenig zusätzliche Sicherheit für Radfahrer. Wenn dagegen alle Verbindungsstraßen in einem Stadtgebiet systematisch Radfahrstreifen oder sofern erforderlich Radwege erhalten, könnte sich der Anteil der Radfahrer am Gesamtverkehr deutlich steigern und zugleich die Zahl der Fahrradunfälle senken lassen.

5.2.5 Zusammenfassung

Die systematische Verknüpfung aller verkehrlichen Flächenansprüche würde zu einer kaum noch überschaubaren Vielzahl von Straßentypen führen. Für die Entwurfpraxis fassen daher die RASt die unterschiedlichen verkehrlichen Anforderungen zu 12 „typischen Entwurfssituationen" zusammen, von denen 10 immer oder zumindest häufig Verbindungsstraßen darstellen und die von der dörflichen Hauptstraße bis zur anbaufreien (Schnellverkehrs)straße reichen. Jeder Straßenentwurf ist zunächst einer der 12 Straßenkategorien zuzuordnen. Längere Straßenzüge können aus einer Abfolge mehrerer Straßentypen bestehen. Für Grenzfälle lässt sich schließlich auch ein individueller Entwurf aus den Nutzungsansprüchen aller Verkehrsarten herleiten.

Für jede Straßenkategorie empfehlen die RASt ferner zahlreiche verschiedene Querschnitte, die sich erstens nach der Kfz-Verkehrsstärke in der Spitzenstunde richten. Hier werden fünf sich teilweise überlappende Klassen unterschieden, von unter 400 Kfz/h bis über 2.600 Kfz/h. Zweitens wird hinsichtlich der öffentlichen Verkehrsmittel differenziert in: kein ÖPNV, Linienbusverkehr und Straßenbahn. Beim Anliegerverkehr schließlich werden Fußgänger- und Radverkehr, Parken, Liefern und Laden unterschieden. Insgesamt enthalten die RASt 97 verschiedene Straßenquerschnitte. Für jeden ist die erforderliche Mindestbreite angegeben.

Reicht nun in bestehenden Städten die vorhandene Straßenbreite für den nach RASt ermittelten Straßenquerschnitt nicht aus, kann zum Beispiel durch die Umwandlung von zwei Straßen mit Gegenverkehr in zwei gegenläufige Einbahnstraßen die erforderliche Fahrbahnbreite deutlich reduziert werden, denn eine 4,75 m breite einstreifige Richtungsfahrbahn besitzt ungefähr dieselbe Leistungsfähigkeit wie eine 6,5 m breite Fahrbahn für Gegenverkehr (s. o.). Oder der Anliegerverkehr lässt sich einschränken. Manchmal können die Anlieger auf einer oder beiden Straßenseiten rückwärtig von Nebenstraßen aus erschlossen werden. Oder man unterbindet durch ein Parkverbot den ruhenden Verkehr und/oder durch ein zeitlich begrenztes Halteverbot die Andienung von Geschäften zur Hauptverkehrszeit in der Durchgangsstraße; mehr dazu in Abschn. 5.4.3.

Noch weniger als bei den Straßen reicht in den bestehenden Städten der Raum regelmäßig für die nach RASt erforderlichen Knotenpunkte, die mehrere Verbindungsstraßen miteinander verknüpfen. Knotenpunkt ist der Oberbegriff für dreiarmige Einmündungen, vierarmige Kreuzungen, sternförmige oder unregelmäßige Knoten, Kreisverkehre usw. Die Knotenpunkte müssen ebenso wie die Straßen für die Ansprüche aller Verkehrsarten ausreichen. Ihre Leistungsfähigkeit ist jedoch generell deutlich geringer als die der einmündenden Straßen, bei großen Unterschieden zwischen den verschiedenen Knotenformen. Andererseits gibt es hier weit mehr Möglichkeiten, die Leistung zu steigern, als bei den Straßen.

So hängt die Leistungsfähigkeit eines Knotens unter anderem von der Fahrstreifenanzahl und- breite der einmündenden Straßen ab. Durch Vermehrung der Fahrstreifen, Vorsortierung der Geradeausfahrer und Abbieger, durch Sonderspuren insbesondere für Linksabbieger oder die Vergrößerung der Stauraumlänge lässt sich die Leistung mehr als verdoppeln. Am wirksamsten ist zwar die Verbreiterung der Fahrbahnen im Einmündungsbereich, aber auch allein die Fahrbahnmarkierung auf einer gegebenen Fläche bringt oft schon spürbare Leistungsgewinne. Ein wichtiges Detail ist ferner die Eckausrundung. Sie richtet sich nach dem Raumbedarf der größten in Betracht kommenden Fahrzeuge. Ein Lkw, der im Knotenbereich ein- oder abbiegt, beschreibt nicht etwa einen Kreisbogen, sondern eine Schleppkurve, weil die Hinterräder nicht genau in der Spur der Vorderräder bleiben; hinzu kommen Übergangsbögen. Wenn die Bordsteinkurve zu eng ist, muss er einen oder sogar zwei Gegenfahrstreifen mitbenutzen. Eine ausreichende Eckausrundung steigert daher die Leistung eines Knotens ebenfalls deutlich. Schließlich die Sichtverhältnisse: So muss zur Vermeidung von Unfällen eine bestimmte Haltesichtweite gegeben sein, welche die RASt nach der zulässigen Geschwindigkeit differenziert vorschreibt. Reicht die Sichtweite nicht aus, muss die Geschwindigkeit und damit die Verkehrsleistung des Knotens gesenkt werden.

Die Leistungsfähigkeit eines Knotenpunktes hängt weiter von Verkehrsbedingungen ab wie dem Verhältnis der Verkehrsströme in den im Knoten zusammentreffenden Straßen, dem Anteil der Linksabbieger oder Zeitlücken, sowie von der Verkehrsregelung, ob also für den Knoten die Rechts-vor-Links-Regel gilt oder – etwa bei stark unterschiedlicher Verkehrsbelastung der verknüpften Straßen – Vorfahrtbeschilderung oder Stoppschild. Nun ergeben sich ab einer bestimmten Verkehrsstärke Zeitlücken nicht mehr in ausreichender Zahl und Dauer, um allen Kfz das sichere Überfahren des Knotens zu ermöglichen. Dieser Grenzwert, der von verschiedenen Faktoren abhängt, wie dem Anteil der Linksabbieger, liegt ungefähr zwischen 750 und 1.300 Pkw/h. Er lässt sich aber durch den Einbau einer Lichtsignalanlage stark erhöhen, in vielen Fällen mehr als verdoppeln. Eine weitere Steigerung der Leistungsfähigkeit ergibt sich durch die Gruppensteuerung für eine Folge von Signalanlagen, wodurch die „Grüne Welle" für Autos erreicht wird, die einen Straßenzug mit einer bestimmten Geschwindigkeit befahren. Bei Straßen mit Gegenverkehr sind dafür jedoch ungefähr gleiche Knotenabstände von etwa 250 m, mindestens aber 150 m erforderlich, die in vorhandenen Städten oft weder gegeben noch machbar sind.

Ungefähr dieselbe Verkehrsleistung wie die „Grüne Welle" können Kreisverkehre erbringen, die daher in den RASt gegenüber den bisher geltenden Empfehlungen für die Anlage von Hauptverkehrsstraßen stark aufgewertet wurden. Die RASt unterscheiden Minikreisverkehre mit Außendurchmessern von 13–22 m und überfahrbarer Kreisinsel, Kapazität 1.200 Kfz/h, einstreifige Kreisverkehre mit einem Durchmesser von 26–40 m und Kapazitäten von 1.500 Kfz, zweistreifige Kreisverkehre, Durchmesser 40–60 m, und große Kreisverkehre mit Lichtsignalanlagen für größere Verkehrsstärken. Für die Verknüpfung vierstreifiger Hauptverkehrsstraßen mit Verkehrsstärken über 2.600 Kfz reichen daher nur große Kreisverkehre aus, die wegen ihres immensen Platzbedarfs jedoch nur selten möglich sind. Bei beengtem Raum sind deshalb Knotenpunkte mit mehreren Ebenen in Betracht zu ziehen, wie die Unterführung nur eines besonders starken Verkehrsstroms, etwa der Geradeausfahrer oder der Linksabbieger, oder nur eines Verkehrsmittels, zum Beispiel der Straßenbahn. Zu bedenken ist dabei, dass die Rampen für die Unterführung bis zu 200 m lang sein müssen.

5.3 Erschließungsstraßen

5.3.1 Der Ausschluss des Durchgangsverkehrs

Mit Erschließungsstraßen sind alle Straßen in den Verkehrszellen gemeint; s. Abschn. 5.1.2. Bei ihnen ist stets die Erschließungsfunktion maßgebend. Daneben können sie aber auch dem Durchgangsverkehr dienen, zum Beispiel als Sammelstraßen in einer größeren Verkehrszelle. Auch für sie gelten die „Richtlinien für die Anlage von Stadtstraßen" der Forschungsgesellschaft für Straßen- und Verkehrswesen, Köln 2006 (RASt). Weiter gibt es

spezielle Vorschriften für den Radverkehr, den ruhenden Verkehr usw. Beim Straßenentwurf sind wieder die unterschiedlichen, zum Teil kontroversen Nutzungsansprüche aller
Verkehrsteilnehmer zu berücksichtigen, aber gemäß der in Kap. 2 dargestellten Grundregel
ist bei vorhandenen Straßen im Interesse der Urbanität vor allem das oft in Jahrhunderten
gewachsene Straßenbild möglichst zu erhalten. Dabei vermögen ältere Straßenräume die
heute üblichen Massen von Kraftfahrzeugen regelmäßig nicht zu fassen, besonders wenn
der Denkmalschutz eine weitgehende Einschränkung oder gar den vollständigen Ausschluss des motorisierten Verkehrs erfordert. Alle notwendigen Veränderungen der Straße
zu Gunsten des Individualverkehrs sind stets dem vorhandenen Straßenbild anzupassen,
von der Größe der Verkehrsflächen über die Gliederung des Raumes etwa durch parkende
Pkw bis hin zu Maßstab, Material und Farbe des Fahrbahnbelags, wie in Abschn. 2.3.3
bereits näher ausgeführt. Dasselbe gilt eingeschränkt auch für Straßenneubauten, die sich
ebenfalls in die Eigenart der näheren Umgebung einfügen sollen.

Der Grundgedanke der Verkehrszellenbildung ist, gebietsfremden Durchgangsverkehr
auszuschließen. Deshalb sind nach RASt möglichst einseitig angeschlossene Netzelemente
wie Stich- und Schleifenstraßen anzustreben; zunächst die Stichstraßen: Vorteile dieses
Straßentyps sind der sichere Ausschluss von Durchgangsverkehr sowie bei begrenzter
Straßenlänge und Anliegerzahl der geringe Anliegerverkehr, der eine ruhige Wohnlage
und optimale Sicherheit für Fußgänger und Radfahrer ermöglicht. Dem stehen folgende
Nachteile gegenüber: Es entsteht in der Regel mehr Kfz-Verkehr durch Umwegfahrten.
Wendeanlagen, die das Wenden von Müll- und Feuerwehrfahrzeugen ohne Zurücksetzen
erlauben, erfordern große Flächen (s. u.), die sich bei der Umwandlung älterer lückenlos
angebauter Rasternetze in Stichstraßen oft nicht mehr unterbringen lassen. Neue Wohngebiete hingegen sollten, wie in Kap. 3 ausgeführt, in Deutschland zukünftig die Ausnahme
sein. Ferner gibt es nur einen Anschluss an das übergeordnete Straßennetz. Wird dieser,
etwa durch einen Unfall oder wegen Straßenbauarbeiten, blockiert, ist die ganze Straße
abgeschnitten.

Diese Nachteile der Stichstraßen lassen sich durch Schleifenstraßen weitgehend vermeiden. Wendeanlagen werden nicht benötigt. Wird einer der beiden Anschlusspunkte
an das übergeordnete Netz blockiert, bleibt die Straße über den anderen erreichbar. Ein
gemeinsamer Nachteil von Stich- und Schleifenstraßen jedoch bleibt: Sie benötigen eine
so große Zahl von Anschlüssen an das Netz der Verbindungsstraßen, dass sie bei stark belasteten Hauptverkehrsstraßen regelmäßig nicht mehr unterzubringen sind. „Grüne Wel-
len" beispielsweise erfordern einen Knotenabstand von möglichst 250 m (s. o.). Weniger
Anschlusspunkte erreicht man durch Schleifenstichstraßen, oder besser noch durch eine
Schleifenstraße, von der weitere Stich- oder Schleifenstraßen abzweigen. Solche Erschließungsnetze sollten stets mindestens zwei Anschlusspunkte an das übergeordnete Netz erhalten, die möglichst an derselben Durchgangsstraße liegen, um Schleichverkehr durch
das verkehrsberuhigte Gebiet zu vermeiden. Vor allem bei höherer Verkehrsbelastung der
tangierenden Verbindungsstraßen sollte die Planung des Erschließungsstraßennetzes von
der Frage ausgehen, welche der Tangenten und an welcher Stelle am ehesten zwei weitere
Straßeneinmündungen aufzunehmen vermag.

In der Praxis sind die Erschließungsstraßennetze oft sehr groß. In Düsseldorf-Garath beispielsweise ist jedes Viertel mit über 7.000 EW durch eine ringförmige Sammelstraße erschlossen, von der nach innen und außen zahlreiche Stichstraßen abgehen („Mittelring"- oder „Verästelungsnetz"). Bei dieser Größe weisen die Erschließungsnetze oft schon ohne jeden Durchgangsverkehr so viel Anliegerverkehr auf der Sammelstraße und an den Anschlusspunkten auf, dass ausreichende Sicherheit für Fußgänger und Radfahrer, Lärmschutz sowie die Erhaltung denkmalswürdiger Straßenräume kaum noch möglich sind. Auch für die Autofahrer erschweren allzu große Erschließungsnetze die Orientierung und erfordern weite Umwegfahrten. Dann sind die Netze möglichst in mehrere kleinere aufzuteilen, damit sich der Verkehr auf mehr Straßen und Anschlusspunkte verteilt.

In bestehenden Städten ist es häufig schwierig, Netzlösungen zu finden, die alle diese Bedingungen erfüllen. Besonders in älteren, dicht bebauten Vierteln, zum Beispiel in zentral gelegenen Wohn- und Mischgebieten aus der Gründerzeit, erfordert oft allein der Anliegerverkehr ohne jeden zusätzlichen Durchgangsverkehr die Beibehaltung des Rasternetzes, denn Straßenraster sind generell mehrfach leistungsfähiger als „nichtvermaschte" Netze, weil sich der IV auf viele Knotenpunkte verteilen kann. Weitere Vorteile der Rasternetze sind: Gute Orientierungsmöglichkeit und kürzeste Wege für alle Verkehrsteilnehmer. Bei Stau oder Straßenarbeiten ist es ferner leicht möglich auszuweichen. Dem stehen jedoch folgende Nachteile gegenüber: Gebietsfremder Verkehr ist nicht sicher auszuschließen, die Verkehrsverteilung schwer zu beeinflussen. Auch ist die Unfallgefahr der vielen Kreuzungen mehrfach höher als bei T-förmigen Knoten, die in nichtvermaschten Netze überwiegen. Wenn andererseits die Verkehrsdichte nicht in der ganzen Verkehrszelle für eine Aufknüpfung des Rasters zu hoch ist, sondern – wie zumeist – nur in einigen Straßen oder gar nur in wenigen Straßenabschnitten, gibt es zahlreiche Möglichkeiten, den Anliegerverkehr dort zu reduzieren (s. Abschn. 5.2.5).

5.3.2 Die Geschwindigkeitsdämpfung des IV

Neben der Verdrängung des gebietsfremden Durchgangsverkehrs ist ferner die Reduzierung der Geschwindigkeit des verbleibenden IV auf 30 km/h flächendeckend in allen Wohn- und Mischgebieten anzustreben. Erst beide Maßnahmen zusammen ergeben die im Nahbereich einer Wohnung gebotene Sicherheit, dass beispielsweise ein Kind im Alter von 3–5 Jahren allein zum Kindergarten oder zum Spielplatz laufen kann. Auch ist die Verminderung des motorisierten Verkehrs Voraussetzung einer wirksamen Geschwindigkeitsbeschränkung, denn die meisten Geschwindigkeitsdämpfungsmaßnahmen sind nur bis zu einer bestimmten Verkehrsmenge einsetzbar. Zu unterscheiden sind rechtliche, optische und fahrdynamisch wirksame Maßnahmen der Geschwindigkeitsreduzierung, die immer möglichst miteinander kombiniert werden sollten. Nur rechtliche Maßnahmen wie die Verkehrszeichen „Tempo 30" und „Wohnbereich" (d. h. 10 km/h) ohne gleichzeitigen, die Geschwindigkeit dämpfenden Straßenumbau bewirken erfahrungsgemäß zumindest auf die Dauer keine nennenswerte Herabsetzung der Durchschnittsgeschwindigkeit. Umgekehrt dürfen die Verkehrszeichen bei keiner baulichen Maßnahme fehlen, denn der Autofahrer muss gewarnt werden, um sich rechtzeitig darauf einstellen zu können.

Als Nächstes die optischen Maßnahmen: Die übliche Gliederung der Straßen in Fahrbahn und Gehwege betont die Längsrichtung und wirkt daher eher beschleunigend auf den Verkehr. Die Unterteilung einer Straße in Abschnitte durch Versätze in der Fahrbahn, in der Regel kombiniert mit wechselseitiger Anordnung der Parkstände, durch Parkstände senkrecht oder schräg zur Längsachse der Straße oder durch einen querorientierten Fahrbahnbelag dagegen veranlasst die Autofahrer, langsamer zu fahren. Dasselbe gilt für Vor- und Rücksprünge in der Bauflucht, torartige Verengungen und platzartige Erweiterungen des Straßenraums, für Bäume, Vorgartenhecken und -mauern. Andererseits sind in Altbaugebieten, also in Zukunft in der Regel, die vorhandenen Baufluchten möglichst zu erhalten; s. Abschn. 2.3.3. Von den nur optisch wirksamen Geschwindigkeitsdämpfungsmaßnahmen, die durchaus ein Befahren der verkehrsberuhigten Strecke mit 50 km/h erlauben und die sich daher auch für Verbindungsstraßen eignen, sind ferner zu unterscheiden zusätzlich fahrdynamisch wirksame Maßnahmen, die den Autofahrer zum Abbremsen zwingen. In allen Erschließungsstraßen in Wohn- und Mischgebieten sollten flächendeckend fahrdynamisch wirksame bauliche Maßnahmen vorgesehen werden in so dichter Folge, dass die Geschwindigkeit des Autoverkehrs auf 30 km/h gesenkt wird.

Bei den Fahrbahnversätzen beispielsweise werden lange und kurze Versätze unterschieden. Lange Versätze sind nur optisch wirksam, und zwar umso mehr, je mehr der Durchblick in Längsrichtung der Straße unterbrochen wird. Deshalb sollen die Fahrbahnen vor und hinter dem Versatz auf die erforderliche Mindestbreite begrenzt und möglichst um die Fahrbahnbreite gegeneinander versetzt werden. Lange Versätze sind auch für Verbindungsstraßen mit 50 km/h Richtgeschwindigkeit geeignet. Kurze Versätze sind dagegen so knapp zu bemessen, dass sie für das größte in Betracht kommende Fahrzeug gerade noch im Schritttempo befahrbar sind, etwa für Müll- und Feuerwehrfahrzeuge. Den RASt ist zu entnehmen, welche Versatzlänge dafür erforderlich ist, in Abhängigkeit von der Fahrbahnbreite vor und nach dem Versatz und der Versatztiefe, um die beide Fahrbahnen gegeneinander versetzt sind. Kurze Versätze sind in allen Erschließungsstraßen vorzusehen. Sie sind möglichst in Knotenpunkten anzuordnen, oder wo viele Fußgänger, besonders Kinder auf dem Weg zur Schule, die Fahrbahn überqueren.

Bei den Einengungen als Nächstes sind ebenfalls zwei Fälle zu unterscheiden; 1. Fall: Nur optisch wirksame Einengungen sind für Verbindungsstraßen geeignet, auf denen die Richtgeschwindigkeit wegen der Verkehrsdichte nicht unter 50 km/h gesenkt werden kann. Wenn zum Beispiel ein Schulweg, auf dem Erstklässler allein zur Grundschule gehen sollen, eine zweispurige verkehrsreiche Straße überquert, sollte die Fahrbahn an dieser Stelle über den üblichen Zebrastreifen hinaus auf die zulässige Mindestbreite eingeengt werden. Optisch besonders wirksam ist die Aufteilung der Fahrbahn in zwei einspurige, möglichst enge Richtungsfahrstreifen mit einer Mittelinsel, die durch vertikale Elemente wie Poller zusätzlich verdeutlicht werden kann. Damit wird zugleich die Überquerbarkeit der Fahrbahn für Fußgänger und Radfahrer spürbar verbessert. 2. Fall: Auch fahrdynamisch wirksam sind Einengungen einer zweispurigen Fahrbahn für Gegenverkehr auf einen Fahrstreifen ohne (!) Regelung der Vorfahrt. Deshalb muss jeder Autofahrer, der die einspurige Stelle passieren will, abbremsen und zunächst den Gegenverkehr beobachten. Dieser Typ der Einengung ist für alle Erschließungsstraßen geeignet.

Bei den Teilaufpflasterungen und Schwellen schließlich sind drei Fälle zu unterscheiden, 1. Fall: Teilaufpflasterungen, die aus einer zumeist auf die Höhe der Gehwege angehobenen Fläche und zwei flachen, in den RASt genau definierten Rampen bestehen, wirken nur optisch geschwindigkeitshemmend und sind daher für Verbindungsstraßen mit 50 km/h Richtgeschwindigkeit zulässig. 2. Fall: Teilaufpflasterungen, deren Rampenneigung 1:10–1:7 beträgt, – noch steilere Rampen sind nicht zu empfehlen –, können dagegen im Allgemeinen nur mit etwa 30 km/h befahren werden. Bei höheren Geschwindigkeiten sind erfahrungsgemäß Schäden an den Fahrzeugen möglich. Deshalb müssen sich diese Teilaufpflasterungen in Farbe und Material deutlich von der Fahrbahn unterscheiden. Auch bei Dunkelheit müssen sie durch entsprechende Beleuchtung gut zu erkennen sein, damit der Autofahrer seine Geschwindigkeit rechtzeitig anpassen kann. Fahrdynamisch wirksame Aufpflasterungen sind für alle Erschließungsstraßen geeignet. Sie sind besonders überall dort zu empfehlen, wo Hauptwege für Schulkinder die Fahrbahn überqueren. 3. Fall: Teilaufpflasterungen dürfen eine von den RASt detailliert festgelegte Mindestlänge nicht unterschreiten. Wenn der zur Verfügung stehende Raum dafür nicht ausreicht, findet man heute noch häufig Schwellen, die bis 2006 nach den früher geltenden „Empfehlungen für die Anlage von Erschließungsstraßen" unter verschiedenen Bedingungen erlaubt waren, in den heute gültigen RASt dagegen nicht mehr erwähnt werden.

5.3.3 Die Ansprüche aller Verkehrsarten im Einzelnen

Auch bei den Erschließungsstraßen ist die Fahrbahn für den Kfz-Verkehr ein wesentliches Element. Ihre Breite ergibt sich aus dem Raumbedarf der größten in Betracht kommenden Fahrzeuge (s. Abschn. 5.2.2). Bemessungsfahrzeuge sind nach RASt in reinen Wohngebieten zweiachsige Wagen der Feuerwehr und der Müllabfuhr, in Misch- und Gewerbegebieten große Lkw, in Industriegebieten Lastzüge und auf Straßen mit öffentlichen Verkehrsmitteln Linienbusse oder Gelenkbusse. Dem entsprechen die folgenden Fahrbahnbreiten: Zweistreifige Erschließungsstraßen für Gegenverkehr in Wohn- und Mischgebieten sind in der Regel 5,5 m, mit Linienbusverkehr 6,5 m breit. Bei geringem Busverkehr genügen auch 6,0 m, bei geringem Lkw-Verkehr (zum Beispiel in reinen Wohngebieten) 4,75 m, bei beengtem Raum auch 4,5 m sowie bei insgesamt geringem Verkehr (in „Wohnwegen" mit wenigen Anliegern) 3,5 m, ausnahmsweise bis 3,0 m Breite. Bei 4,75–4,5 m breiten Fahrbahnen müssen für die Begegnung zweier Lkw in Abständen von 50–100 m ausreichend breite Ausweichstellen geschaffen werden, bei 3,5–3,0 m schmalen Fahrstreifen müssen die Ausweichstellen schließlich auch im Begegnungsfall Lkw – Pkw oder bei der Begegnung zweier Pkw benutzt werden.

Ebenso leiten die RASt die Abmessungen von Knotenpunkten und Wendeanlagen am Ende von Stichstraßen aus dem Raumbedarf der größten in Betracht kommenden Fahrzeuge ab. So ergibt sich die Eckausrundung in Knotenpunkten aus dem Wendekreis des jeweiligen Bemessungsfahrzeugs. Sie ist stets ein einfacher Kreisbogen, dessen Radius von 2–3 m bei der Einmündung eines Wohnweges in eine Wohnstraße bis zu 12 m an Sammelstraßen beträgt. Bei den Wendeanlagen werden ferner Wendehämmer, Wendekreise und Wendeschleifen unterschieden. Auf Wendehämmern ist Wenden nur mit Zurücksetzen möglich, während Wendekreise in einem Zug befahren werden können. Große Fahrzeuge wie Lastzüge oder Gelenkbusse benötigen stets Wendekreise, deren Abmessungen jedoch so groß sein müssen, dass hier aus gestalterischen Gründen Wendeschleifen, etwa um eine begrünte Mittelinsel, empfohlen werden. Die RASt enthalten für alle Wendeanlagen vom Wendehammer für ein zweiachsiges Müllfahrzeug bis zur Wendeschleife für Gelenkbusse Beispiele.

Weiter müssen Erschließungsstraßen auch den Flächenansprüchen der Fußgänger genügen. Mindestbreite und lichte Höhe der Gehwege ergeben sich aus dem Raumbedarf von zwei Fußgängern, die sich begegnen, oder von spielenden Kindern, wie schon bei den Verbindungsstraßen dargestellt. Daher beträgt die erforderliche Breite straßenbegleitender Gehwege selbst bei Wohnwegen mit ganz geringem Anliegerverkehr im Regelfall 2,5 m, bei beengtem Raum mindestens 2,25 m. Diese Gehwegbreite ist jedoch in neueren Wohngebieten, aber auch in älteren Baugebieten kleinerer und mittlerer Städte selten gegeben. Dann müssen alle Straßen mit weniger als 2,25 m breiten Gehwegen flächendeckend so umgebaut werden, dass Fußgänger die Fahrbahn mitbenutzen dürfen, Näheres s. u.

Radfahrer als Nächstes sind nach den „Empfehlungen für Radverkehrsanlagen" in Erschließungsstraßen in der Regel – mit Ausnahme nur von Sammelstraßen in sehr großen Verkehrszellen – im Mischverkehr auf der Fahrbahn zu führen, denn separate Radfahrstreifen wie auf Verbindungsstraßen (s. o.) sind wegen der begrenzten Straßenbreite meistens nicht möglich und wegen der geringen Nutzungsintensität im Allgemeinen auch nicht nötig. Mischverkehr auf den Gehwegen andererseits scheidet ebenfalls aus, zum Schutz der Fußgänger vor dem Radverkehr, und weil der Raumbedarf der Radfahrer größer ist als der von Fußgängern (s. Abschn. 5.2.4), sodass die Gehwegbreite für den Radverkehr generell nicht ausreicht. Bei Mischverkehr auf der Fahrbahn ist jedoch zur Sicherheit der Radfahrer ein niedriges Geschwindigkeitsniveau der Kfz erforderlich. Das ist bei der hier vorgeschlagenen Reduzierung der Geschwindigkeit des IV auf 30 km/h in allen Verkehrszellen gegeben. Tatsächlich aber ist in den meisten Anliegerstraßen bis heute Tempo 50 erlaubt, – ein zusätzliches Argument dafür, alle Erschließungsstraßen in Wohn- und Mischgebieten flächendeckend nach den Ausführungen dieses Abschnitts umzubauen.

Schließlich ist zu berücksichtigen, dass Fußgänger und Radfahrer sehr „umwegempfindlich" sind. Deshalb ist ein Fußwegenetz umso besser, je engmaschiger es ist. Wenn das Straßennetz einer Verkehrszelle aufgeknüpft wird, um den motorisierten Durchgangsverkehr auszuschließen, oder Autofahrer durch Einbahnstraßen weite Umwege fahren müssen, sollte das nie auch für die Fußgänger gelten. Große Straßenblöcke können durch öffentliche Durchgänge wie Ladenpassagen oder Gartenwege unterteilt werden. Großräumige Hindernisse, etwa Gewässer oder Bahnlinien, lassen sich durch Tunnel oder Brücken unterbrechen. Dasselbe gilt auch für Radfahrer. Einbahnstraßen beispielsweise sollten, wenn die Raumbreite es erlaubt, grundsätzlich für Radfahrer auch in der Gegenrichtung befahrbar bleiben.

5.3.4 Zusammenfassung

Die Addition aller verkehrlichen Flächenansprüche würde so große Straßenquerschnitte ergeben, dass sie vor allem in mittleren und kleinen Städten sehr oft in den vorhandenen Straßenräumen nicht unterzubringen wären. Daher empfehlen die RASt Mischflächen für alle Verkehrsarten, wenn es sich um eine Straße handelt, die ausschließlich der Erschließung von Wohnbebauung dient und deren Verkehrsstärke unter 150 Kfz in der Spitzenstunde liegt. Das entspricht dem Verkehrsaufkommen einer Wohnbevölkerung von rund 1.500 Einwohnern in älteren, innerstädtischen Wohngebieten bis 1.000 Einwohnern in neueren Baugebieten am Stadtrand oder in ländlichen Gemeinden. Die Geschwindigkeit des motorisierten Verkehrs sollte im Mischverkehr grundsätzlich auf 30 km/h beschränkt werden. Die Mindestbreite von Mischflächen, die allen Verkehrsteilnehmern zur Verfügung stehen, beträgt 4,75 m, bei beengtem Raum auch 4,50 m. Besser für die Sicherheit der Fußgänger sind optisch in Fahrbahn und Gehweg gegliederte, aber nicht durch ein Hochbord geteilte Mischflächen, so dass bei der Begegnung zweier Fahrzeuge der Gehweg oder umgekehrt von spielenden Kindern die Fahrbahn mitbenutzt werden kann (= „Wohnwege"). Die RASt machen dazu mehrere Vorschläge bis zu 10 m Breite und mehr für verschiedene gegebene Straßenräume.

Bei mehr als 400 Fahrzeugen in der Spitzenstunde und anderer als reiner Wohnbebauung halten dagegen die RASt die Trennung von Gehweg und Fahrbahn durch ein Hochbord zur Sicherheit der Fußgänger vor dem Kfz-Verkehr stets für erforderlich („Trennsystem"). Die Richtlinien unterscheiden vier „Typische Entwurfssituationen": „Sammelstraßen" zum Beispiel dienen der Erschließung großer Verkehrszellen, Verkehrsstärke 400–1.000 Kfz/h, was bei reiner Wohnbebauung dem Verkehrsaufkommen von etwa 10.000 Einwohnern in älteren, innerstädtischen Gebieten bis 7.000 Einwohnern am Stadtrand und in ländlichen Gemeinden und damit der Obergrenze für eine einzelne Verkehrszelle entspricht (s. Abschn. 5.1.2). Die RASt empfehlen acht verschiedene Straßenquerschnitte von mindestens 11,5 m Breite ohne Busverkehr bzw. 16,5 m mit Busverkehr bis 26,7 m Breite für verschiedene gegebene Straßenräume.

Ein anderes Beispiel sind „Quartierstraßen" mit geschlossener, älterer Bebauung, etwa aus der Gründerzeit um 1.900, und gemischter Nutzung aus Wohnen, Gewerbe und nichtgewerblichen Einrichtungen. Hier werden fünf Straßenquerschnitte empfohlen für Verkehrsstärken von 400–1.000 Kfz/h oder 800–1.800 Kfz/h sowie mit oder ohne Linienbusverkehr. Die Mindeststraßenbreite beträgt 12,0–20,7 m, was den gegebenen Straßenräumen in älteren Städten zumeist entspricht. Weitere Beispiele sind schließlich „Gewerbestraßen" und „Industriestraßen". Für jede Kategorie enthalten die RASt mehrere Straßenquerschnitte für verschiedene verkehrliche Anforderungen und ihre jeweilige Mindestbreite.

Zwischen Mischflächen für Verkehrsstärken von höchstens 150 Kfz/h und Trennsystemen ab 400 Kfz/h klafft eine große Lücke. Insbesondere in kleineren Städten und Dörfern sind die vorhandenen Straßenräume häufig zu schmal für Trennsysteme und gleichzeitig zu verkehrsreich für eine Mischfläche. Hier empfehlen die RASt „Wohnstraßen" für Verkehrsstärken bis zu 400 Kfz/h mit unterschiedlichen Bebauungsformen, aber (fast) ausschließlicher Wohnnutzung. Die Richtlinien enthalten wieder mehrere Regelquerschnitte mit Mindestbreiten ab 9,0 m für Straßen ohne bzw. ab 11,0 m mit Busverkehr, also für die in kleineren Orten üblichen Straßenräume. So kann der Gehweg auf einer Straßenseite durch Hochbord oder Parkstände von der Fahrbahn getrennt sein (= „Trennsystem"), der Gehweg auf der anderen Straßenseite liegt dagegen auf derselben Höhe wie die Fahrbahn und bildet mit ihr eine Mischfläche (daher „Trenn-/Mischsystem"). Schließlich weisen die RASt besonders darauf hin, dass auch in Wohnstraßen die Richtgeschwindigkeit 30 km/h und nicht wie üblich 50 km/h betragen soll.

Insgesamt enthalten die RASt somit eine große Zahl von Vorschlägen für fast alle in der Praxis vorkommenden Erschließungsstraßen. Dennoch reicht bei der Umwandlung vorhandener Straßennetze nach RASt der gegebene Straßenraum besonders für den Individualverkehr oft nicht aus. Oder es ist weniger Kfz-Verkehr erwünscht, als bei der gegebenen Straßenbreite technisch möglich wäre, zum Beispiel in einer denkmalgeschützten Altstadt oder in einer Einkaufsstraße, die im Interesse der Kunden während der Ladenöffnungszeiten für Kfz ganz gesperrt werden soll. In beiden Fällen lässt sich der Anliegerverkehr weitgehend einschränken oder richtiger: räumlich und/oder zeitlich verlagern, entweder direkt durch zeitlich beschränkte oder vollständige Verbote. Oder der Anliegerverkehr wird indirekt begrenzt durch die Reduzierung der Flächen für den ruhenden und arbeitenden IV auf das unbedingt notwendige Mindestmaß; mehr dazu in Abschn. 5.4.3. Unerlässlich ist nur überall der Notverkehr (Feuerwehr, Unfall- und Krankenwagen) sowie die Ver- und Entsorgung (Müllabfuhr, Straßenreinigung). Insgesamt kann man so den Anliegerverkehr in einzelnen Straßen oder begrenzten Bereichen um bis zu 80 % vermindern.

5.3.5 Die Erschließung der Nachbarschaft

Die unmittelbare Umgebung einer Wohnung ist noch weitergehend als im Wohnungsnahbereich möglichst vollständig verkehrsfrei zu planen, damit auch Kleinkinder unter drei Jahren dort ungefährdet sind, die noch keine Verkehrsregeln beachten können. Selbst wenn die Mutter sie beaufsichtigt, in einem kurzen Augenblick der Unachtsamkeit laufen sie direkt vor ein Auto. Eine rein fußläufige Wohnungsumgebung ist in neueren Wohngebieten regelmäßig gegeben, da alle Landesbauordnungen bei Neubauten mit mehreren Wohnungen einen eigenen Kleinkinderspielplatz auf dem Wohngrundstück vorschreiben. In älteren Baugebieten dagegen sind die Grundstücke oft vollständig überbaut oder als Stellplatz und Verkehrsfläche genutzt. Dann sollten die Wohngrundstücke in Nachbarschaften mit einem gemeinsamen, verkehrsfrei erreichbaren Kleinkinderspielplatz gegliedert werden.

Andererseits soll die Länge nicht befahrbarer Fußwege, die der Erschließung von
Wohngebäuden dienen, bei ein- bis zweigeschossiger Bebauung 80 m, bei drei Geschossen 60 m und ab vier Geschossen 50 m nicht überschreiten, um die Wege von der Straße
bis zur Wohnungseingangstür nicht zu weit werden zu lassen. Man denke etwa an den
Transport schwerer Einkaufstaschen oder des Hausmülls. Jedoch braucht die Wegelänge
bei mehr als viergeschossiger Wohnbebauung nicht weiter verkürzt werden, wenn die Gebäude über einen Aufzug verfügen. Breite und lichte Höhe der Fußwege ergeben sich wieder aus dem Raumbedarf zweier Fußgänger, die sich begegnen. Die Mindestbreite beträgt
daher nach RASt 1,8 m. Dennoch sind 1,5–1,0 m Wegebreite unbedenklich und allgemein
üblich, wenn ein Hauszugang nur wenige Meter lang ist, sodass auf die Begegnung von
zwei Personen verzichtet werden kann, und der Weg aus gestalterischen Gründen möglichst schmal sein soll. Ferner ist zu beachten, dass die Feuerwehr in kleineren Orten oft
nur über 50 m lange Schläuche verfügt, ebenso die Tankwagen für die Ölheizung. Deshalb
müssen nicht befahrbare Erschließungswege über 50 m Länge ausnahmsweise befahrbar
sein, also mindestens 3 m breite Mischflächen (s. o.), die im Normalfall durch heraus-
nehmbare Pfosten für Kfz gesperrt sein können.

Nun lässt sich in bestehenden Baugebieten oft eine rein fußläufige Erschließung nachträglich nicht mehr durchführen, zum Beispiel weil die Wegelänge weit über 80 m beträgt
oder weil sich bereits Garagen und Stellplätze auf den einzelnen Grundstücken befinden.
Dann sollte der Kfz-Verkehr auf Bewohner und Besucher der Nachbarschaft, Ver-und Entsorgung sowie Notdienste (Krankenwagen, Feuerwehr) beschränkt und auf Schritttempo
(10 km/h) gesenkt werden. Nachbarschaftswege oder -höfe werden daher häufig auch als
„halböffentlich" bezeichnet. Eine klare Trennung zwischen öffentlichen Straßen und halb-
öffentlichen Nachbarschaftsbereichen etwa durch das Verkehrsschild „Wohnbereich" ist
wichtig.

Die für die Nachbarschaftsbildung wesentliche Trennung öffentlicher, halböffentlicher
und privater Bereiche lässt sich zwar am leichtesten bei nicht vermaschten Netzen durchführen. Man gelangt dann in der Regel vom öffentlichen Straßenraum über halböffentliche
Wohnwege zu den privaten Grundstücken. Die Trennung dieser drei Bereiche ist aber auch
in bestehenden Rasternetzen möglich. Wenn zum Beispiel ein Straßenblock allseitig von
öffentlichen Straßen umgeben ist, von denen aus man unmittelbar in die privaten Bereiche
der Blockrandbebauung gelangt, so kann im Blockinneren ein halböffentlicher Kernbe-
reich liegen, etwa eine kleine Gemeinschaftsgrünanlage mit einem Kleinkinderspielplatz,
die man durch die rückwärtigen Gärten erreicht. Dasselbe gilt für großstädtische, extrem
dicht bebaute Straßenblöcke, etwa ein stadtkernnahes Gründerzeitviertel. Vielleicht lassen
sich einige Hinterhöfe durch enge Durchgänge zwischen den Gebäuden zu einem halb-
öffentlichen Wegenetz verbinden, das den ganzen Block durchzieht. Ein Hof mit einem
Baum und einer Bank darunter kann ein Treffpunkt der Senioren sein, ein anderer Hof
einen Kleinkinderspielplatz enthalten, und an einem dritten liegt eine Nachbarschafts-
kneipe, die bei gutem Wetter ein paar Tische ins Freie stellt. Noch heute tragen diese halb-
öffentlichen Bereiche ganz wesentlich zum Reiz vieler Altstädte bei. Wo es sie noch gibt,
sind sie unbedingt zu erhalten, wo nicht, sollte man sie anstreben.

5.4 Sonstige Verkehrsanlagen

5.4.1 Ruhender Individualverkehr (RIV)

Neben den Straßen für den fließenden IV sind ferner Anlagen zum Abstellen der Kfz (= ruhender Verkehr), Be- und Entladen, Betanken usw. (= arbeitender Verkehr) wegen ihrer enormen Flächenansprüche von großer Bedeutung für die Stadtplanung. Auch dieses Thema ist durch die „Empfehlungen für Anlagen des ruhenden Verkehrs" der Forschungsgesellschaft für Straßen- und Verkehrswesen, Köln 2005 (EAR) sowie durch Ausführungsvorschriften der Bundesländer wie Richtzahlen für den Stellplatzbedarf und Garagenverordnungen eingehend geregelt. Nun vermögen in den Städten, deren Straßennetz schon für den fließenden Verkehr allgemein nicht ausreicht, die Straßen die Mengen abgestellter Fahrzeuge erst recht nicht zu fassen, insbesondere in den Innenstädten während der Geschäfts- und Arbeitszeiten und in älteren, verdichteten Wohn- und Mischgebieten auch abends und in der Nacht nicht. So ist die zentrale Frage dieses Abschnitts die Unterbringung des RIV gerade in diesen Fällen.

Ausgangspunkt der Planung ist wie in den vorangegangenen Kapiteln wieder die Ermittlung des Bedarfs an Abstellflächen. Dabei unterscheiden die EAR fünf Nachfragegruppen, die diesbezüglich stark unterschiedliche Ansprüche in räumlicher und zeitlicher Hinsicht stellen. 1) Die Anwohner der Straße: Die Zahl der erforderlichen Abstellplätze hängt ab von Einwohnerzahl, Haushaltsgröße, Sozialstruktur des Erschließungsgebiets, Stadtgröße, Erreichbarkeit mit öffentlichen Verkehrsmitteln und anderem mehr. Zeitlich gesehen ist der Bedarf abends und nachts am größten, wenn fast alle Anwohner zu Hause sind. Die Parkdauer ist meistens lang. Räumlich sollte das Auto möglichst nahe bei der Wohnung abgestellt werden können, also in einem Einfamilienhausgebiet mit aufgelockerter Bauweise auf dem Wohngrundstück selbst, in der Innenstadt, zum Beispiel an einer verkehrsreichen Straße ohne Parkstände, höchstens 500 m Fußweg von der Haustür entfernt. Das bedeutet bei der Gliederung der Stadt nach Abschn. 4.4, dass in jedem Nahbereich die erforderlichen Abstellflächen anzustreben sind. 2) Der Berufs- und Ausbildungsverkehr. Die Anzahl der Abstellplätze hängt ab von der Zahl der Beschäftigten, Schüler, Studenten, Lehrkräfte usw. Zeitlich konzentriert sich der Bedarf auf die Arbeits- und Ausbildungszeiten. Die Parkdauer ist meistens lang, da der Abstellplatz in der Regel für die Dauer der Arbeits- oder Unterrichtszeit benötigt wird. Die Entfernung Abstellplatz – Fahrtziel sollte wie bei der Wohnbevölkerung höchstens etwa 500 m betragen.

3) Die Kunden der Läden, Gäste der Restaurants, Kinobesucher, Patienten in den Arztpraxen usw. Da zum Einkaufen rund doppelt so viele Abstellplätze benötigt werden wie für alle anderen Besorgungen zusammen, bemessen die EAR den Flächenbedarf dieser Nachfragegruppe lediglich nach der Größe der Verkaufsflächen (m²) und der Stadtgröße. Zeitlich beschränkt sich die Nachfrage auf die Betriebsöffnungszeiten. Die Parkdauer ist sehr unterschiedlich. Dementsprechend muss auch räumlich differenziert werden. Für kürzere Besorgungen, beispielsweise in einem kleinen Ortszentrum, sollten die Abstellflächen in unmittelbarer Nähe des Fahrtziels liegen, Gehweglänge maximal 100 m, bei einer

Einkaufstour in das Zentrum einer Großstadt darf dagegen der Weg vom Parkhaus zum Ziel wie bei Langzeitparkern auch 500 m betragen. 4) Für Besucher der Wohnbevölkerung gilt dasselbe wie für Kunden. Bei Kurzbesuchen sollte man sein Auto in der Nachbarschaft des Fahrtziels abstellen können, Gehweglänge höchstens 100 m, bei längerem Aufenthalt sind dagegen 500 m Fußweg durchaus zumutbar. 5) Lieferanten schließlich, die Wohnungen oder Betriebe beliefern oder Güter abholen, Handwerker und andere Dienstleister (= arbeitender Verkehr) benötigen stets Abstellflächen in der Nähe des Fahrtziels. Gliedert sich zum Beispiel ein Wohngebiet in Nachbarschaften, sind in jeder Nachbarschaft Arbeitsflächen für den IV erforderlich.

Um den Abstellflächenbedarf aller fünf Nachfragegruppen zu ermitteln, sind nach EAR zunächst die Gebiete, in denen Parkraummangel herrscht, in Bereiche mit höchstens 500 m Fußweglänge einzuteilen. Bei einer Gliederung der Stadt nach Abschn. 4.4 kann dazu die Einteilung aller Wohn- und Mischgebiete in Nahbereiche gewählt werden. In Nahbereichen mit Wohnbebauung wird das Verkehrsaufkommen des RIV im Wesentlichen aus der Einwohnerzahl, in reinen Arbeitsgebieten (= GE-, GI-Gebiete) aus der Zahl der Arbeitsplätze und in älteren Baugebieten, in denen noch die frühere intensive Mischung aller Nutzungen erhalten ist, aus der Zahl der Einwohner, der Beschäftigten und der Größe der Verkaufsflächen ermittelt, weiter unterschieden nach der Stadtgröße vom dörflichen Mischgebiet (MD) bis zum großstädtischen Kerngebiet (MK). Aus dem Tagesverkehrsaufkommen lässt sich schließlich mit Hilfe von Tagesbelegungsganglinien der Abstellflächenbedarf für jede Stunde des Tages ableiten. Dabei werden Kurzparker stets in Prozent der Gesamtbelegung getrennt ausgewiesen.

Für begrenzte Untersuchungsobjekte kann man auch von den Richtzahlen für den Stellplatzbedarf von Kraftfahrzeugen in den Bundesländern ausgehen. Die Landesbauordnungen schreiben vor, dass bei der Errichtung oder bei wesentlichen Änderungen von Gebäuden die „notwendigen Stellplätze" (St) geschaffen werden müssen. Die Richtzahlen legen fest, wie viele das bei einem konkreten Bauvorhaben genau sind. Im Vergleich zum Ermittlungsverfahren nach EAR sind die Richtzahlen viel differenzierter. Bei Wohngebäuden beispielsweise wird weiter unterschieden: 1–2 St/Einfamilienhaus, 1–1,5 St/Wohnung im Mehrfamilienhaus, 0,2 St/Altenwohnung usw. Für größere Gebiete mit einer Vielzahl von Nutzungen wäre diese Methode daher zu aufwändig. Andererseits werden die Stadtgröße, die Entfernung vom Stadtzentrum oder der ÖPNV-Anschluss des Gebiets nicht berücksichtigt, ebenso wenig der Umstand, dass die Abstellflächen zu unterschiedlichen Zeiten benötigt werden, oder die Parkdauer: Die EAR rechnen je Einstellplatz und Tag im Einkaufsverkehr mindestens 3 Parkvorgänge und im Lieferverkehr sogar 10. Die Anzahl der nach dem Richtzahlverfahren ermittelten Stellplätze ist daher bei größeren, stark nutzungsgemischten Gebieten im Allgemeinen erheblich höher als bei der Bedarfsermittlung nach EAR. Schließlich legen die Richtzahlen fest, wie viel Prozent der notwendigen Stellplätze für Besucher vorzusehen sind, ebenso wie die EAR stets den Anteil der Kurzparker angeben.

Das Ergebnis beider Bedarfsermittlungsverfahren ist als Nächstes dem tatsächlichen Parkraumangebot gegenüberzustellen. Erst daraus ergibt sich, ob es im Nahbereich aus-

reichend oder zu wenig Abstellplätze gibt und gegebenenfalls wie viel; Näheres zur Zähl-
methode der vorhandenen Abstellplätze siehe EAR. Oder der ermittelte Bedarf ist mit dem
als stadtverträglich eingestuften Angebot zu vergleichen, wenn beispielsweise aus Gründen des Denkmalschutzes weniger Parkstände in einer Straße erwünscht sind als bei der
gegebenen Raumbreite technisch möglich wären. Weiter ist die zukünftige Entwicklung
des ruhenden Verkehrs zu berücksichtigen, die nur bei einer Bedarfsbestimmung nach
EAR von der Entwicklung der Wohnbevölkerung, der Beschäftigten und der Verkaufsflächen abgeleitet werden kann. Alle drei Größen variieren wie gezeigt von Gemeinde zu
Gemeinde und auch innerhalb einer größeren Stadt erheblich und müssen daher für jedes
Untersuchungsgebiet neu ermittelt werden. Schließlich lässt sich durch die Verkehrsplanung der Anteil des IV am Gesamtverkehr senken, was auch zu einer Abnahme des Park-
raumbedarfs führen kann.

5.4.2 Stellflächen

Bei den Abstellflächen für Kraftfahrzeuge unterscheiden die EAR zwischen öffentlichen,
für die Allgemeinheit nutzbaren Parkflächen und privaten Stellflächen, deren Benutzung
durch Fremdparker der Eigentümer oder Mieter untersagen kann. Andererseits wird der
Begriff „parken" häufig, auch in den EAR, als Oberbegriff für die Benutzung öffentlicher
und privater Abstellplätze verwendet, zum Beispiel in zusammengesetzten Worten wie
Fremdparker oder Parkverbot. Bei den Stellflächen sind weiter zu unterscheiden offene
Stellplätze (St), Unterstellplätze (USt) mit Dach, aber zumindest teilweise ohne Wände und
allseitig geschlossene Garagen (Ga). Anlagen zum Abstellen einer Mehrzahl von Fahrzeu-
gen werden als Sammelstellplätze (SSt) bezeichnet, in der Umgangssprache jedoch zumeist als Parkplatz, auch wenn die Benutzung dem Eigentümer, Mieter oder Besucher des
Grundstücks vorbehalten ist. Sogar Einzelstellplätze werden häufig Parkplätze genannt.
Wegen der Verwechslungsgefahr wird der Begriff Parkplatz daher hier vermieden. Die
Zusammenfassung mehrerer Einzel- oder Doppelgaragen bezeichnet man als Garagenhof
oder -zeile, Garagen für eine Mehrzahl von Fahrzeugen dagegen als Sammel- oder Ge-
meinschaftsgaragen (SGa oder GGa).

Bei der Planung von Stellflächen ist neben der Erfüllung des ermittelten Bedarfs die
Berücksichtigung städtebaulich-gestalterischer Forderungen besonders in dicht bebauten, älteren Stadtteilen wichtig, wo jeder Quadratmeter unbebaute Grundstücksfläche
mit Fahrzeugen voll gestellt wird. Ferner sind die Belange des Umweltschutzes zu beachten, beispielsweise der Lärmschutz oder die Reduzierung der Bodenversiegelung durch
Stellplätze, deren Oberfläche aus sickerfähigem Pflaster oder Rasengittersteinen besteht.
Schließlich der Aspekt der Wirtschaftlichkeit: Eine Tiefgarage mit Dachbegrünung etwa
ist zwar in gestalterischer und ökologischer Hinsicht zumeist optimal, aber in der Regel
auch die teuerste Lösung.

Die Abmessungen eines Stellplatzes ergeben sich nach EAR aus dem Raumbedarf des
abzustellenden Fahrzeugs und den Abständen, die zum nächsten Fahrzeug, zur Fahrgasse

und zu Mauern eingehalten werden müssen. Nun hat insbesondere die Breite der Pkw in den letzten Jahren teilweise deutlich zugenommen. Daher sollten für die Bemessung von Pkw-Stellplätzen die EAR von 2005 und nicht zum Teil wesentlich ältere Landesvorschriften zugrunde gelegt werden. So beträgt ein Pkw-Stellplatz im Allgemeinen 2,5 × 5,0 m und eine Einzelgarage 3,0 × 6,0 m (Außenmaß); zum Raumbedarf größerer Fahrzeuge bis zum Lastzug oder zur Bestimmung der Fahrgassenbreite bei Sammelstellplätzen siehe EAR.

Die Abmessungen mehrgeschossiger Sammelgaragen entsprechen grundsätzlich denen von Sammelstellplätzen, hinzu kommen jedoch die Flächen der Konstruktion, der Rampen und Treppenhäuser. Bei den Rampen unterscheiden die EAR vier Systeme: zunächst die Vollrampen, die Vollgeschosse in geradem Lauf verbinden. Eine Sonderform der Vollrampe stellt die Wendelrampe dar. Halbrampen als Nächstes verbinden halbgeschossig gegeneinander versetzte Parkebenen miteinander (d'Humy-System). Schließlich gibt es Sammelgaragen mit Rampen, auf denen geparkt wird. Die EAR legen für jedes System Mindestbreite, lichte Höhe und maximale Neigung der Rampen in Abhängigkeit von der Größe der Sammelgarage fest. Daraus ergibt sich, dass Garagen mit Vollrampen mindestens 30 m Länge und ca. 600 m² Grundfläche erfordern. D'Humy-Systeme sind im Vergleich zu Vollrampen zwar etwas sparsamer im Flächenverbrauch, stellen aber an die Kraftfahrer erhöhte Anforderungen. Wendelrampen als Nächstes benötigen wesentlich mehr Grundfläche als gerade Rampen. Deshalb sind sie aus Gründen der Wirtschaftlichkeit nur in Großgaragen ab 1.200 m² Grundfläche zu empfehlen. Noch größer ist der Flächenbedarf von Parkrampen, deren Neigung 6 % nicht übersteigen darf und möglichst deutlich weniger betragen sollte; zum Vergleich: Die meisten Rampen dürfen 15 % geneigt sein.

In Bebauungsplänen für neue Baugebiete stellt die Einhaltung der EAR grundsätzlich kein Problem dar, auch in vorhandenen Wohngebieten mit aufgelockerter Bebauung in der Regel nicht. Neben freistehenden Einfamilien- oder Doppelhäusern reicht der gesetzlich vorgeschriebene seitliche Grenzabstand von mindestens 3 m (s. Abschn. 2.3.5) für die Errichtung einer Garage aus. Da Garagen aus Gründen der Verkehrssicherheit zudem 5 m Abstand von der Straße halten müssen, ergibt sich vor der Garage zugleich der nach den Richtzahlen (s. o.) geforderte zweite Stellplatz. Bei mehrgeschossigen Reiheneigenheimen dagegen lassen sich die notwendigen Stellplätze wegen der geringen Grundstücksbreite nur bei ungewöhnlich tiefen Vorgärten vor dem Haus oder bei stark zur Straße abfallendem Gelände unter dem Wohngebäude unterbringen. Ist das nicht möglich, sollte man zumindest die Garagen aus gestalterischen und aus Gründen des Immissionsschutzes, vor allem des Lärmschutzes, zu Sammelanlagen auf separaten Grundstücken zusammenfassen. Die EAR machen dazu mehrere Vorschläge mit Maßangaben. Garagenhöfe sind möglichst neben, nicht hinter die Wohnhäuser zu legen, zum Beispiel in die für Reihenhausbebauung wenig geeigneten Ecken eines Straßenblocks. Lassen sie sich jedoch nicht anders als im Inneren eines Baublocks anordnen, sollte man sie so weit absenken, dass man aus den Wohngärten über sie hinwegblicken kann, und ihre Dächer begrünen.

Bei größeren Mehrfamilienhäusern und allgemein bei verdichteter Bebauung lässt sich die große Zahl der notwendigen Stellplätze regelmäßig nur noch durch Sammelanlagen erreichen. In einem neueren Wohngebiet beispielsweise ist vielleicht auf dem Wohngrund-stück ausreichend Platz für eine Tiefgarage unter Gärten oder unter einem Kleinkinder-spielplatz. Bei der Schließung einer Baulücke im Stadtzentrum dagegen soll oft das Erdge-schoss gewerblich genutzt werden, und Stellplätze in den Untergeschossen sind nicht mög-lich, weil das Baugrundstück für jedes Rampensystem zu klein ist. Dann sind mechanische Parksysteme in Betracht zu ziehen. Dabei fahren die Pkw nicht selbst auf den Abstellplatz, sondern werden maschinell dort hinbefördert. Es gibt vertikal und horizontal verschiebba-re Parkpaletten, umlaufende Fördereinrichtungen (Paternoster-Prinzip) u. a. m. Deshalb reichen oft auch sehr kleine Grundstücke für die Unterbringung der notwendigen Stell-plätze aus. Von Nachteil sind jedoch die höheren Bau- und Betriebskosten und die längere Wartezeit im Stoßbetrieb als bei Garagen mit Rampen.

Reicht die innerstädtische Baulücke jedoch für die erforderlichen Stellflächen nicht aus, kann die Stadt nach EAR bei Neu- und größeren Umbauten verlangen, die fehlenden Stell-flächen durch Geldzahlung abzulösen. Mit diesem Betrag beteiligen sich die Bauherren am Bau einer Sammelgarage für die Bewohner des Hauses oder die Beschäftigten in den Be-trieben auf einem nahe gelegenen Grundstück; maximale Entfernung vom Baugrundstück ca. 500 m. Wenn es nun aber zu wenig Neubautätigkeit im Nahbereich selbst für eine kleine Sammelanlage gibt, oder sich kein geeignetes Grundstück für eine Sammelgarage findet, oder die Stadtverwaltung schlicht nicht in der Lage ist, selbst Hochbauten auszuführen? Einer dieser Gründe trifft so gut wie immer zu. In älteren Baugebieten, die aus einer Zeit stammen, als es noch keine Autos gab, ist das Defizit an Stellplätzen auf den Baugrund-stücken regelmäßig sehr groß. In den hoch verdichteten Zentren der Großstädte gibt es oft (fast) keine privaten Stellflächen. Dieses Ergebnis ändert sich auch bei nennenswerter Neubautätigkeit meist nicht wesentlich wegen fehlender Praktikabilität der Geldablösung für Stellplätze. Bei starkem Bevölkerungsrückgang können die durch den Abbruch von Wohnungen frei werdenden Flächen für Sammelstellplätze und -garagen genutzt werden. In allen anderen Fällen lässt sich das Defizit an Stellflächen nur durch ein Mehrangebot an Parkflächen im öffentlichen Raum ausgleichen; dazu der letzte Abschn. 5.4.3.

5.4.3 Parkflächen

Bei den öffentlichen Parkflächen unterscheiden die EAR offene Parkstände (für einzelne Kfz), Parkstreifen (für mehrere Kfz), Parkplätze (= Sammelanlagen für eine größere Zahl von Fahrzeugen) und gedeckte Parkhäuser oder Parkbauten. Der Begriff „Parkplatz" soll jedoch wie schon gesagt hier vermieden werden, weil er in der Umgangssprache auch im Sinne von Sammel- oder Einzelstellplatz verwendet wird. Bei der Planung von Parkstän-den auf öffentlichen Straßen ist neben der Erfüllung des ermittelten Bedarfs wieder gemäß der in Kap. 2 dargestellten Grundregel vor allem auf die Erhaltung des oft in Jahrhunderten gewachsenen Straßenbildes zu achten. Ältere Straßenräume, die aus einer Zeit vor dem Aufkommen des Autos stammen, erfordern regelmäßig eine Beschränkung des ruhenden Verkehrs, bis hin zum vollständigen Verbot in besonders denkmalswürdigen Räumen.

Zahl und Anordnung der Parkstände sollten zum Straßenbild passen. So betonen parallel zur Fahrbahn parkende Fahrzeuge die Längsrichtung der Straße (gut für Verbindungsstraßen), während Pkw in Senkrecht- oder Diagonalaufstellung, noch dazu abwechselnd links- und rechtsseitig der Fahrbahn angeordnet, den Straßenraum in kürzere Abschnitte unterteilen (gut für Erschließungsstraßen). Auch Material und Farbe der Parkstände sind der Umgebung anzupassen, zum Beispiel kleinmaßstäbliches Natursteinpflaster in engen Altstadtgassen. Das alles gilt schließlich nicht nur für ältere Straßenräume, sondern entsprechend auch für Neuplanungen, wie in Abschn. 2.3.3 bereits näher behandelt.

Die Abmessungen einzelner Parkstände und von Sammelanlagen (Fahrgassenbreite, Aufstellwinkel etc.) entsprechen denen von Einzel- und Sammelstellplätzen. Auf öffentlichen Straßen ist daneben der fließende Verkehr zu bedenken. Für Verbindungsstraßen ist die Längsaufstellung des RIV am günstigsten: keine Mitbenutzung der Gegenfahrbahn beim Ein- und Ausparken, gute Sicht auf den fließenden Verkehr beim Ausparken. Von Nachteil ist der hohe Flächenverbrauch: nur etwa 15 P/100 lfm Straße. Mit Senkrechtaufstellung lassen sich fast dreimal so viel Parkstände auf demselben Straßenabschnitt unterbringen. Die Parkstände sind aus beiden Richtungen anzufahren, daher in Erschließungsstraßen generell am günstigsten. Die Behinderung des fließenden Verkehrs beim Ein- und Ausparken stellt dagegen in verkehrsberuhigten Wohnstraßen keinen gravierenden Nachteil dar. Die Diagonalaufstellung schließlich liegt im Flächenverbrauch und in der Beeinträchtigung des fließenden Verkehrs zwischen den beiden anderen Aufstellungen und ist daher, beispielsweise bei beengtem Raum, sowohl für Erschließungs- als auch für weniger stark belastete Verkehrsstraßen geeignet; zur Blockaufstellung für verkehrsreiche Straßen mit höherem Parkbedarf siehe EAR.

Nun ist das Defizit an Parkflächen zumindest in älteren Baugebieten, die vor dem Aufkommen des IV entstanden sind, überall riesengroß. Dann ist primär der Lieferverkehr sicherzustellen. Aber beispielsweise die Belieferung von Läden in einer Fußgängereinkaufszone kann auf die Stunden außerhalb der Hauptgeschäftszeiten beschränkt werden, wenn nur wenige Kunden unterwegs sind. Als Nächstes die Parkflächen für Kunden und Besucher: Wenn in einem Zielgebiet vorwiegend Kurzzeitparkstände für kleinere Besorgungen benötigt werden, zum Beispiel in einem Nebenzentrum oder in einer Kleinstadt, ist in unmittelbarer Nachbarschaft des Fahrtziels ausreichend Parkraum anzubieten; maximaler Fußweg ca. 100 m. In den meisten Fällen würden die vorhandenen Parkstände für den Kundenverkehr auch ausreichen, weil man einen Parkstand im Laufe des Tages mehrfach nutzen kann, wenn die Plätze nicht durch Dauerparker wie Anwohner und Beschäftigte ständig belegt wären. Dann ist die Parkdauer zu beschränken, um die Dauerparker in weniger belastete Nebenstraßen abzudrängen, entweder durch Parkscheiben, die Parken nur für eine begrenzte Zeit erlauben, oder durch Parkuhren, die über die Kosten die Parkzeit begrenzen. Eine häufig anzutreffende Zwischenlösung sind Parkuhren, die in der ersten (halben) Stunde keine Gebühren berechnen. Langzeitparkflächen für Kunden und Besucher schließlich, etwa im Einkaufszentrum einer Großstadt, werden weiter unten zusammen mit den anderen Dauerparkern behandelt.

Ferner die Parkflächen für die Bewohner im Nahbereich, Fußwegentfernung von der Wohnung höchstens 500 m: In verdichteten Altbaugebieten besteht regelmäßig hoher Bedarf, weil es oft (fast) keine Stellplätze auf den Baugrundstücken gibt. Der Bedarf kann bis zu 1 P/WE und mehr betragen. In vorhandenen Straßen lassen sich jedoch im besten Fall ca. 0,5 P/WE unterbringen, in engen Altstadtgassen oder denkmalgeschützten Gebieten oft noch viel weniger. Andererseits ist der Parkraumbedarf abends und nachts am größten, Kunden- und Lieferverkehr gibt es dagegen nur während der Geschäftszeiten. Daher haben viele Kommunen Jahrestickets für Anlieger eingeführt, die dazu berechtigen, auf besonders gekennzeichneten Anliegerparkständen sowie nachts und an den Wochenenden auch auf den Kurzzeit-P im Nahbereich kostenlos zu parken. Die Kosten der Jahrestickets sind sehr unterschiedlich und können bis zu einer halben Stellplatzmiete betragen.

Wenn nun aber der vorhandene Parkraum für Kurz-P und Anlieger-P nicht ausreicht? Dann ist die Differenz zwischen Angebot und Nachfrage nur durch Parkhäuser aufzufangen, in denen in der Regel sowohl Langzeitkunden, Besucher und Beschäftigte während der Geschäftszeiten parken als auch Anwohner für längere Zeit einen Platz mieten können. Die Anlieger erhalten entweder feste, nummerierte Plätze oder das Recht, ihren Wagen auf irgendeinem freien Platz abzustellen. Die optimale Lage der Parkbauten ist am Rand des Nahbereichs. Dadurch wird das Innere des Bereichs vom Verkehr entlastet, und die Baukörper der mehrgeschossigen Hochbauten schirmen zugleich das Gebiet gegen Emissionen der Verkehrstangenten ab. Andererseits sollten die Zufahrten zu den Parkhäusern nicht direkt an einer großen Verkehrsstraße, sondern an Nebenstraßen liegen, damit bei Stoßbetrieb ausreichend Stauraum vorhanden ist. Der Nachteil dieser Lösung ist jedoch, dass die Miete eines Abstellplatzes in einem Parkhaus in der Regel für die Mehrheit der Bewohner unerschwinglich ist. Wenn in einem innerstädtischen Viertel die so genannte A-Bevölkerung (Arbeitslose, Alte, Ausländer) überwiegt, können die meisten sich kaum noch ein Auto leisten, erst recht nicht eine teure Garage für ihre „Rostlauben". Daher ist stets eine Mindestzahl von Anliegerparkständen im Straßenraum anzubieten, die von der Sozialstruktur des Nahbereichs und der Stadtgröße abhängt und nach den Empfehlungen für die Anlage von Erschließungsstraßen der Forschungsgesellschaft für Straßen- und Verkehrswesen mindestens 1P/3–6 WE betragen muss.

Schließlich die übrigen Dauerparker: im Nahbereich Beschäftigte, aber auch Langzeitbesucher und -kunden. Ihr Anteil wächst mit zunehmender Stadtgröße. In der City einer Großstadt beanspruchen oft alleine die Beschäftigten 80 % des Parkraums und mehr. Wenn die vorhandenen Parkflächen für alle Dauerparker nicht ganz ausreichen, zum Beispiel in kleineren Orten, lässt sich das Problem vielleicht durch einige Parkplätze oder Parkhäuser lösen. Wenn dagegen der Parkraum in größeren Städten schon für Kurzzeit-P und Anlieger-P nicht oder kaum ausreicht, kann die Zahl der Parkbauten nicht unbegrenzt erhöht werden. Regelmäßig sind in den Großstädten die Zufahrtsstraßen ins Zentrum bereits überlastet und die Möglichkeiten, ihre Leistungsfähigkeit zu erhöhen, wie gezeigt eng begrenzt. Dann muss insbesondere der Berufs- und Ausbildungsverkehr dazu gebracht werden, Auto oder Fahrrad am Stadtrand stehen zu lassen und mit öffentlichen Verkehrsmitteln in die City zu fahren („Park&Ride", „Bike&Ride"). Um das zu erreichen, ist nicht nur ein ausreichend attraktives ÖPNV-Angebot erforderlich, sondern es sind auch alle Parkflächen in den Straßen des Zielgebiets ausnahmslos für Kurzzeitparker und Anlieger zu reservieren. Langzeit-P dürfen nur noch in Parkhäusern angeboten werden. Ferner empfehlen die EAR, in solchen Gebieten die Geldablösung für notwendige Stellplätze bei Neubauten (s. o.) nicht für den Bau neuer Parkhäuser, sondern für den Ausbau des Park&Ride-Systems zu verwenden. Insgesamt lässt sich so in Gebieten mit besonders großem Parkraummangel der Bedarf an Parkflächen um bis zu 80 % vermindern.

Sachverzeichnis